役に立たない
ロボット

日本が生み出すスゴい発想

谷 明洋
Tani Akihiro

インターナショナル新書 153

目次

はじめに

「役に立たないロボット」と言われたら、どんなイメージが思い浮かぶだろうか？

筆者がなんとなく思い浮かべたのは、長方形と円形のガラクタを集めてつくったポンコツ感満載の工作のようなものだ。そのようなものを小さい頃に、ティッシュの空き箱とトイレットペーパーの芯でつくったこともあった。

幼少期に見た漫画やアニメにも、いろいろなロボットが出てきた。『ドラゴンボール』（鳥山明）のハッチャンこと「人造人間8号」は、優しすぎて「悟空」をなかなか助けられずハラハラさせてくれた。映画『オズの魔法使』に出てきた「ブリキの木こり」も、あれがロボットかどうかはさておき、なんだか頼りなかった。

「役に立たないロボット」について思い浮かぶイメージを友人に聞いてみると、「『ドラえもん』こそ役に立っていないよね。四次元ポケットの〝ひみつ道具〟がすごいだけで」という返事だった。確かにそうかもしれない。そういえば、『キテレツ大百科』（ともに藤子・F・不二雄）の「コロ助」も……いや、あれはからくり人形か。

ロボット好きな友だちが夢中になっていたロボットアニメの世界では、あっさりやられる雑魚ロボットを「やられメカ」と言うらしい。ダメそうなロボットと言えば、時代を遡れば、レトロコミックでは、森田拳次の『丸出だめ夫』には「ボロット」が出てくるし、石ノ森章太郎も『がんばれロボコン』を描いている。

最近では、NHK Eテレの幼児向け番組「おかあさんといっしょ」の人形劇『ガラピコぷ～』のメインキャラクターに、ロボットの「ガラピコ」がいた。うさぎの「チョロミー」、オオカミの「ムームー」と一緒に、三者で友情を育んでいくストーリーは微笑ましいけれど、「役に立つ」とは趣旨が異なるだろう。

実在するロボットにも目を向けてみよう。本田技研工業の「ASIMO（アシモ）」のようなヒューマノイドロボットも、技術的には確かにすごいけれど「役に立っている」かと言われれば、ちょっと微妙。というより、何をもって「役に立つ」とするのか、その定義に拠るだろう。二〇一八年にデビューしたGROOVE X（グルーブエックス）社による家庭用ロボットの「LOVOT（らぼっと）」を紹介するインターネット記事の中には、「役に立たない、でも愛着がある」という見出しがついている。

ロボットとは本来、人間の代わりに危険な作業や重労働を行うよう設計された「仕事をする機械」のことだったはず。だとすれば、仕事をしないロボットは、言葉を選ばずに言えば「役に立たないロボット」ということになる。

にもかかわらず、私たちの身の回りには仕事をしないロボットがたくさん存在するし、キャラクター性が明確で各種メディアにも多く登場する彼らのほうが、産業の現場で黙々と仕事をこなす機械よりもむしろ、私たちにとって身近で「ロボット」という言葉からも連想しやすい。しかし少し冷静になると、本来のロボットとは異なる「役に立たないロボット」がこれほど生み出され、また、受け入れられている社会は不思議にも思える。

私たちが暮らす現代社会では、スピードや効率、生産性、解像度、最適性、再現性などを突き詰めることによって、新しい価値が生み出されている。それを支えているのが際限なく進歩し続けるテクノロジーだ。将棋のＡＩが人間の棋士よりも強くなったり、スーパーコンピューターの性能が「一秒あたりの演算処理速度が一億の一億倍レベル」にまで跳ね上がったり、大型の３Ｄプリンターで住居が〝印刷〟されたり。これらのテクノロジーはこれからもスペックを高め続け、社会はどんどん高度に最適化されていくのだろう。

それはとても素晴らしいことであり、私たちが受ける恩恵も計り知れない。けれど同時に、ようやく慣れてきたと思った頃にシステムがまた新しくなったり、その性能や技術の高さを示す数字の桁に理解が追いつかなかったり、あまりに高度な機能に自分自身の無能感や無力感を覚えることもある。端的に言えば、最先端のテクノロジーは面白いのだけど、同時にどこか〝疲れる〟ような感覚があるのだ。

ならば少しホッとするような、ちょっと〝ゆるい〟テクノロジーの話をすることはできないか。そこで掘り下げてみたいと思ったのが、「役に立たないロボット」だったのだ。

彼らは「役に立つ」ことを課せられているはずのテクノロジーにおいて、やや異彩を放っている。望まれているからこそ設計され、生み出されているにほかならないのだけれど、では、そこにはいったいどんな「望み」があるのだろうか。

サブカルチャーは独自性が高いものだとよく言われるが、この「役に立たないロボット」が多く描かれ、広く受け入れられるのも日本に特有のことなのだろうか。

こうした問いを通じて、「役に立たないロボット」たちがどのような背景で生み出され、どのような意義を持って社会に存在し、未来にどんな役割を果たす可能性があるのかを考察してみたいのだ。

見つけた答えが、「役に立つ」かは分からない。しかし、そんな「役に立たない」かもしれないことを、真面目に、時にはゆるく、深く考えてみるのは、それ自体が楽しいことではないか。結果としてこの本が、スペックを競うテクノロジーについての「疲れる」という感覚を少しゆるめるような、「ちょっとホッとするテクノロジーの話」になれば良いと思うのだ。

なお、先に白状してしまうと、筆者はロボットの研究者でも専門家でもない。大学は理系とはいえ農学部卒である。

読者の皆さんと同じようなフラットな目線でロボットたちと向き合い、その開発者や研究者をはじめとするいろいろな方たちに話をうかがいながら考察を深め、科学コミュニケーターとして皆さんとロボットの間をつないでいければと考えている。

どうぞ、お付き合いください。

第一章 どのような「役に立たないロボット」が存在するのか？

超人系、萌え系、ポンコツ系

さて、「役に立たないロボット」とは具体的に、どんなものが存在するのか。まずは漫画をはじめとするフィクションの世界から概観してみよう。

学生時代にサークルの部室で読んだ『究極超人あ〜る』（ゆうきまさみ）の主人公「R・田中一郎」は、自分の身体を炊飯器につないでご飯を炊いてみたり、頭突きで壁に釘を打ち込んでみたり、自らの脚で自転車を漕いで新幹線並みのスピードで東京から京都まで移動してみたり、彼からは超人的なポジションでギャグを担当するロボットの立ち位置が浮かび上がってくる。『Dr.スランプ』（鳥山明）の「アラレちゃん」も、キーンっと走っていってパトカーに衝突して破壊したり、パンチで地球を割ったりと、ハチャメチャだ。漫画の世界では「人間には絶対できないこと」をできるキャラクターを描くために、「ロボット」という存在が重宝されている（ロボットだとしても非現実的な描写ばかりだが）。

二〇一〇年代以降の漫画では、『フルチャージ!! 家電ちゃん』（こんちき）や『ぽんこつポン子』（矢寺圭太）など、〝萌え〟系の要素が入った作品が目立つ。生活を助ける家電の機能と、コミュニケーション能力を持つメイド（というより美少女）の外見をしたおっちょこちょいなロボットは、男性読者たちの一種の「幻想」を絵にしたものなのだろうか。これは確かに、ロボット工学とは一線を画すロボット文化だ。

そうかと思えば、『魁(さきがけ)!! クロマティ高校』(野中英次)の「メカ沢新一」や、『21エモン』(藤子・F・不二雄)の芋掘りロボットの「ゴンスケ」、ちょっと古いところでは『がんばれロボコン』のように、「役に立たなそうな見た目」の王道を行くロボットもいる。『こちら葛飾区亀有公園前派出所』(秋本治)では、警視庁開発の「4号乙型」なるロボットが派出所に派遣され、「両さん」に「丸出ダメ太郎」と命名されていた。

さらに恋愛モノの少女漫画『彼氏彼女の事情』(津田雅美)にも役に立たないロボットが出てくる。主人公たちが通う高校の文化祭で、天才科学者と新型と旧型のアンドロイドが出てくる劇が演じられる内容。つまり、漫画というフィクションの世界の中に、もう一段階、演劇というフィクションの世界が存在する劇中劇の展開なのだ。

あらためて考えてみると、これらの「漫画だから描ける」「フィクションの世界にのみ存在する」ようなロボットは、非現実的・超人的なキャラクターを登場させるための存在と考えられる。では彼らは、たとえば「らぼっと」のような市場に実在するロボットと関係するのだろうか。

実在するロボットにもいろいろ

実在するロボットについては、筆者が以前、お台場にある日本科学未来館に科学コミュニケーターとして勤めていたときにも実機をいくつか見てきた。館内には、世界初の二足歩行ロボット「アシモ」や、人間の女性そっくりにつくられたアンドロイド（人造人間）、大阪大学教授の石黒 浩さんらがつくったアンドロイド、産業技術総合研究所によるアザラシ型セラピーロボットの「PARO（パロ）」などの展示や実演があり、ソニーの犬型ペットロボット「AIBO（アイボ）」が登場することもあった。

「アシモ」は、本格的な二足歩行を実現した高度な工学技術を搭載していることに加え、集客力が高く、アメリカのオバマ大統領（当時）の来館時に対面して歓迎の意を示すなど、コンテンツとしてとても役に立っていた。けれど、日常の生活で役に立つ場面があるかと言われれば、ちょっと微妙だ。

人間そっくりのアンドロイドも、展示として人目を引いていたし、テレビ番組に出ても面白い。しかしながら、「人間らしさ、生物らしさとは何か」という哲学的な探究をするためにつくられたロボットである以上、日常的に「役に立つ」ことを求めること自体がナンセンスだ。

身体に触れられたときに優しく反応することで癒し効果を発揮する、セラピーロボット「パロ」はどうだろう。東日本大震災の被災地施設で活躍した実績もあるし、筆者も仕事がうまくいかないときに、展示フロアで「パロ」を抱きかかえて紹介しながら、結果として自分も癒されたように感じた経験がある。ペットの代替として多くの人に愛されてきた「アイボ」もまた然り。これらのロボットは「アシモ」やアンドロイドと異なり、私たちの日常生活の中で「役に立っている」ようにも感じられる。

ところがあらためて、『ロボットは友だちになれるか　日本人と機械のふしぎな関係』（NTT出版　二〇一一年）を読んでいくと、著者にして「アイボ」の構想にも関わったフレデリック・カプラン氏は当時を振り返りながら次のように述べている。

エンタテインメント・ロボット、つまり役に立たないロボット、何らかのサービスを提供するのではなく、ただただ存在し、気に入られ、自律していることだけを役目とするロボット、そして、いつか人間がそのような機械と情動的な関係、さらに相互的な関係を築けるなどという考えは、わたしが出会った人の多くには想像もつかないものだった。

この本は、「エンタテインメント・ロボットは、日本という、西洋とは異なった文化で誕生した」として、洋の東西の世界観や価値観の違いを掘り下げていく内容であり、全体としてこうしたロボットを否定的に扱っているものではない。ただ、おそらく欧米では一般的なのであろうこの価値観からすると、「パロ」もロボットとして「役に立たない」「サービスを提供するのではない」ということになる。

いったい「役に立たない」とは、どういうロボットに使うべき言葉なのだろうか。

さらには「ロボット」と考えるべきか否かに悩む存在もある。

ボーカロイドのキャラクターである「初音ミク」と結婚した人がいるという情報があり、Web上には確かに「2次元キャラと〝本気の挙式〟」という記事もある。人間と人工知能的な存在が関係をつくることができる象徴的なケースと言えそうだ。

しかし「初音ミク」も、役に立つ・立たない以前の問題として、ロボットなのかと言われれば違う気もしてくる。フィギュアやぬいぐるみが存在するし、バーチャルリアリティにもなっているけれど、もともとは記事の見出しにもあるように「二次元」の存在なのだ。

とはいえ、インプットに応じて歌ったり、会話をしたりできるから、同じ二次元でも漫画やアニメのようなフィクションにおいてのみ存在するキャラクターとは異なり、現実の日常生活の中で双方向の交流をすることができる。そういう意味では物理的な実体がなくても、ロボットっぽい要素があるように思えてくる。

「役に立たないロボット」の線引きはできるか

いろいろと調べてみたものの、「何をもって役に立たないとするか」も、「どこまでがロボットなのか」も、簡単には決められない。

まず「役に立つ・立たない」は、絶対的な評価軸を設定することが難しく、判断する人の主観や価値観によって変わるのだ。

たとえば、会話できるコミュニケーション・ロボットがいたとする。それは、掃除や洗濯をこなしてくれるロボットを求めている人にとっては「役に立たない」ロボットだ。話し相手を求めている人にとっては「役に立つ」かもしれないけれど、会話が面白くなければ「やっぱりこいつ、役に立たない」となる。

加えて、「ロボット」に含む、含まないにも、いろいろな考え方がある。

たとえば、国立研究開発法人新エネルギー・産業技術総合開発機構（NEDO）の「NE

DOロボット白書2014」(二〇一四年三月)では、ロボットを「センサー、知能・制御系、駆動系の三つの要素技術を有する、知能化した機械システム」と定義している。また、SF作家のアイザック・アシモフは、ロボット工学の三原則として「人間に危害を加えてはならない」「人間の命令に従わなければならない」「自己を守らなければならない」を挙げている。しかしこれでは、Eテレの「ガラピコ」や、パトカーを破壊する「アラレちゃん」、人にいろんな損害を与える「ロボコン」の扱いが難しい。

ここで一度、当初の動機に立ち戻ってみることにしよう。

本書では「役に立たないロボット」の社会的な存在意義や未来への可能性を考えていきたいのだ。つまり、「役に立たない」と言っておきながら「実は役に立っているはずだ」と筆者は思っているのである。

それに、「役に立たないロボット」を考えるヒントは、必ずしも「役に立たないロボット」だけにあるとも限らない。明らかに役に立っているロボットから「ロボットであることのメリット」を考えることもできる。「役に立たない」ことの価値を考えるヒントも、ロボットではないぬいぐるみや玩具(がんぐ)、あるいはもしかしたら自分自身から得られるかもしれない。

つまり、「役に立たないロボットであるか否か」は、「役に立たないロボットを考察する材料になるか否か」と、必ずしも一致しないのだ。だとすれば、「役に立たないロボット」の定義や範囲をあらかじめ決めてしまうなんて、ナンセンスではないか。

「『Pepper（ペッパー）』は〝役に立つ〟ロボットで、『アシモ』は〝役に立たない〟ロボットで、『初音ミク』は元来二次元の存在なので〝ロボット〟に該当しなくて、お掃除ロボット『ルンバ』も生物っぽく見えないから今回は〝ロボット〟として扱いません」なんて審判めいたことをしても、本質的な意味がないばかりか、異論があちらこちらから出て収拾がつかなくなり、それこそ「役に立たない」。

「役に立っているか」や「ロボットであるか」よりも、その考察対象がどんな要素によって、どんな価値を発揮しているかを考えることが大切になってくるはずだ。

プロダクト、デモンストレーション、フィクション……

そこで「役に立たないロボット」の定義や範囲を規定することを諦め、代わりに、今回の考察対象となるロボットとそれに類するものについての「存在形態」と、人に「役に立たないと感じさせる要素」を簡単に整理することにした。

まずは、ロボットの「存在形態」だ。平たく言えば「漫画の中だけに存在する」とか「実機を手に入れることができる」とか、つまり、「私たちはそのロボットと、どういう関係で接することができるのか」をごく簡単に分類する。

ロボットの分類は、いろいろな書籍の中でも、いろいろな着眼点によってなされている。最近のものでは、『ラリルレロボットの未来』（斎藤成也、太田聡史共著　勁草書房　二〇二〇年）の中で斎藤氏が、ロボットを「CPUを搭載しているか否か」「自律的に動くか、外部からの指令で動くのか」「ヒト型か否か」などによって、ラボット、リボット、ルボット、レボット、ロボットの五段階に分類している。とても分かりやすいが、いずれも「広義のセンサーを持つ」ことを前提としているので、これでは「ドラえもん」のようなフィクションの存在を扱うことができない。

もちろん「ドラえもん」だって、フィクションの中では（つまり「のび太」にとっては）自律的に動くロボットにほかならないのだけれど。現実の世界に住む私たちにとってのドラえもんの存在を考えるときには、センサー、知能・制御系、駆動系ではなく、「制作者のアニメーション技術」や「読者の漫画のコマ間を補う想像力」によって動いていることも頭の片隅に置いておいたほうが良いと思うのだ。少し、夢のない話だが。

そこで、次の二つの観点から考えることにした。

一つは、動く機械の身体が現実に存在するか否か。別の言い方をすれば、ロボットの機械工学を必要とするものとそうでないもの、もっと端的には「おおよそロボットであると工学的に言えそうか?」ということになる。

もう一つは、一般の個人が日常生活で使用することができるか否か。別の言い方をすれば、個人向けに販売されているものとそうでないものだ。

いくつかのロボットを、この二つの軸で分類してみよう。

「パロ」や「らぼっと」は、機械の身体があって、個人が日常生活で使用することができる。「アイボ」や「ルンバ」もこのグループで、「プロダクト」として成立している。

「アシモ」は、同じように機械の身体が存在するが、科学館やテレビなどで見て楽しむことが一般的であり、個人が日常生活に使用するというのは現実的ではない。研究用、展示用、あるいはアートに類する表現としてのロボットの多くはここに該当するだろう。「デモンストレーション」と仮のラベルをつけておこう。

逆に「初音ミク」は、個人が日常生活で使用することができるものの、原則としては画面やバーチャルリアリティの存在であり、機械の身体は存在しない。また、少し毛色は違

ロボットの四つの「存在形態」

		一般人が入手して利活用できるか？	
		できる	できない
動く機械の身体が現実の世界にあるか？	ある	プロダクト	デモンストレーション
		「アイボ」「パロ」「らぼっと」「ルンバ」……	「アシモ」「マツコロイド」……
	ない	非ロボット	フィクション
		「初音ミク」などの二次元キャラクター、ロボットをモチーフにしたフィギュアや玩具	「ドラえもん」「アラレちゃん」「ガラピコ」……

うが、ロボットをモチーフにしたプラモデルなどの玩具も動くことがないのであればこのグループに入れることにする。製品化はされているが、工学的には「非ロボット」である。

そして、「ドラえもん」や「ガラピコ」は、個人が日常生活の中でフィクションのコンテンツとして楽しむことはできるが、実際に使用することはできない。

なお、「機械の身体が存在しない」グループは、「初音ミク」にしても「ドラえもん」にしても、フィギュアや玩具という形で現実世界に身体を現すこともあるが、それは大本のキャラクターそのものとは別の存在として考えることにしよう。

このように、二つの観点をかけ合わせると、大まかに四つのパターンに分類されることになる。

これは極めて大まかな整理であり、たとえば「動く機械の身体が現実の世界に存在しない」グループはさらに、玩具のような「動かないが三次元の身体が物理的に存在する」存在と、画面上のアバターのような「三次元の身体は存在しないが、画面上で自律的に動く」存在に分けることもできる。

ただ、「役に立たないロボット」についての考察を進める事前準備としては、正確さや厳密さを求めてもそれこそ「疲れる」だけであるし、ひとまずこれくらいで十分ではないかと思うのだ。

「役に立たない」も整理する

ロボットの「存在形態」に続いて、人に「役に立たないと感じさせる要素」についても、どんな種類があるのか整理しておこう。

1．ロボットの存在目的

ロボットの語源はチェコ語で「強制労働」を意味する「robota」であるとされている。

「人間の労働や作業を代わりに行うことができる存在」として意図されていたのだ。

それを踏まえると、「物理的な労働や作業ができるか」は、一つの観点になるだろう。たとえば、工場にいる産業用ロボットや、原発事故後の福島第一原子力発電所の調査に投入されたロボット、掃除をしてくれる「ルンバ」などは「役に立つ」ということになる。

逆に、労働や作業ができないロボットは、この観点においては「役に立たない」ということになる。若干蛇足になるが、具体的にどのようなものがあるか考えてみよう。

1a. コミュニケーション・ロボット

一つは、コミュニケーション・ロボットだ。

受付業務に従事する「ペッパー」のようなロボットは、コミュニケーションを「サービス提供」と考えることもできるかもしれないが、国際宇宙ステーションに滞在して宇宙飛行士・若田光一さんの話し相手となったロボ・ガレージ社などによる「KIROBO（キロボ）」のようなケースや、仕事に疲れて帰宅した会社員の相手になって癒してくれるロボットは、物理的な作業や労働に従事しているとは言い難い。

1b. 探求、研究目的

何かを「知る・解き明かす」ための手段としてつくられたロボットも、労働によって第三者の「役に立つ」ことを最初から意図していない。「人間とは何かを考えるために、人間そっくりのロボットをつくった」という石黒浩さんの「ジェミノイド」に代表されるアンドロイドは、その典型だ。

1c. 表現、発信、アート

また、見世物としてのロボット、つまり表現や発信、アート、フィクションなどのためにつくられたり描かれたりしたロボットも「働かない」ロボットの一種だ。「アシモ」が二本の足でかっこよく歩いて子どもたちの夢を膨らませても、サッカーボールを正確に蹴って日本の技術力を世界に示しても、「労働」という観点で現実世界で「役に立つ」ことにはならない。このタイプはそもそも、量産や普及があまり現実的ではなく、私たちはショールームや科学館などの特定の場所で見ることはできても、日常生活をともにすることは考えにくい。

また、漫画やアニメなどのフィクションの世界に存在するロボットは、漫画やアニメを見ている立場の私たちからすれば、本質的にはここに該当すると考えられる。作中にどんなに便利なロボットが登場しても私たちの現実の労働を代わってくれることはないし、コミュニケーション・ロボットが出てきても私たちと双方向のコミュニケーションができるわけではない。現実世界の私たちは、ロボットが存在する世界を作者の表現として楽しんでいるのである。

1a～1cを目的としてつくられたロボットは、「物理的な労働や作業」という観点では確かに「役に立たない」。「ロボットはそもそも労働や作業をするものである」という前提に立ったこの価値観は、ロボットが歴史的にも労働要員として意図されていたからか、ある程度一般的なものであるらしい。現に、『ロボットは友だちになれるか 日本人と機械のふしぎな関係』にも先述の通り、「エンタテインメント・ロボット、つまり役に立たないロボット」という記述がある。

ただ、これらのパターンは「役に立たない」というよりも、単に「目的が異なる」と解釈するほうが公平ではないか、とも思う。極論すれば、たとえば工場の優秀な産業用ロボットだって、家庭に持ち込まれてコミュニケーションを求められれば、ただデカイだけの「役に立たない」ロボットになってしまうのだから。

2. ロボットの機能、動作

ロボットの実際の機能や動作は、どのようなケースで「役に立たないと感じさせる要素」になるだろうか。

2a. 機能が不十分

たとえば掃除ロボットは、「床を自力で移動する」「ゴミを吸い込む」「吸い込んだゴミを溜める」という機能が揃っているから掃除ができる。「床を自力で移動する」機能が備わっていなければ（いわゆる掃除機のような使い方はできるかもしれないが）、「全自動で床をきれいにしてくれる」ことを期待するユーザーからすれば「役に立たない」と感じるだろう。

1aに該当する「コミュニケーション・ロボット」も、言語コミュニケーションを意図しているのに言語処理が稚拙だったりすれば、「人の代わりに仕事をする・しない」以前の問題で、「コミュニケーション・ロボット」としても役に立たないことになる。

役に立つために必要な機能を故障や不具合で失ってしまったロボットも、ここに含まれるだろう。

ロボット型のブリキの玩具や、ティッシュの空き箱とトイレットペーパーの芯でつくったロボット型の工作などは、（そもそも先述の四つの「存在形態」の分類でも「非ロボット」となるが）機能をほとんど持ち合わせない極端な例として位置づけることもできる。

2b. 動作が不確実、想定外

テクノロジーは一般的に、同じ条件下であれば同じように、想定通りに動作することによって、ユーザーの信頼性を獲得する。それを踏まえると、AIによって置かれた状況下での最適な動作を常に判断できるような高度なロボットを除けば、毎回の動きが異なったり、想定通りに動かない可能性があったりする「不確実性」や「信頼性のなさ」も、ロボットが「役に立たないと感じられてしまう要素」になるだろう。

技術的な問題で想定通りに動かない素人の電子工作や、動作不良や故障の不安が常に大きく付きまとう機器などが該当する。また、ギャグ漫画などのフィクションの世界でよく見られる「騒動を巻き起こす」「暴走する」ロボットも、このパターンの極端な形に位置づけられる。たとえば、「キーン」と走ってパトカーに衝突して破壊する「アラレちゃん」の行動は、開発者である「則巻千兵衛（のりまきせんべえ）」や当事者であるペンギン村の警察官の立場からすれば「想定していない」ものであるからだ（ある種の〝お約束〟として想定できるとも言えるが）。

2aと2bの境界は曖昧でもあるが、「しっかりと動いたとしても役に立たない」という機能の不足と、「どう動くのか、そもそも動くかどうかすら分からない」という信頼性のなさは異質と考えて区別することにした。両方の要素を併せ持つロボットも、たとえば掃除ロボットならば「床を自力で移動する機能がもともと実装されていないうえに、スイッチを入れても吸引器が逆回転することがある」というように（実在するかはともかく）考えることはできる。

3．ロボットの印象、外見

見た目などの印象も、人に「役に立たないと感じさせる要素」として重要な項目であり、「役に立たない」と思わせる見た目はいくつかのパターンがある。

3a．ポンコツ、古い

まずは、ポンコツっぽさ。ゴミ捨て場のガラクタを寄せ集めたような形や素材感、抑揚のない機械的な音声や雑音の混入などは、「最先端とは程遠い、旧型のポンコツです」を暗に示すような〝お約束〟だ。

3b. ゆるい、かわいい

次に、ゆるさ。仮に見た目が洗練されたデザインだったとしても、「機能的」「力強さ」とは程遠いようなゆるさを前面に押し出しているロボットは、少なくとも「労働として役に立つタイプではなさそうだ」くらいの印象を与えるだろう。かわいい系、萌え系もこの系統と考えられる。

外見は当然ながら、ロボットの機能や性能と完全に一致するわけではないから、3aや3bに該当するロボットが機能的にも「役に立つ」ということは十分に考えられる。しかし現実的に、「役に立つ」ロボットの外見を、あえて3aや3bに該当するようにするのは簡単ではない。

それゆえ「見た目はすごいのに役に立たない」という見掛け倒しはあるかもしれないが、「ポンコツでゆるい見た目とは裏腹に、役に立つ」というパターンは現実的には考えにくく、3aや3bの要素があるロボットは、たとえ実際には役に立つロボットであっても、「役に立たない」という印象を与えやすいのだ。

整理された「役に立たない」の要素

こうしてみると、「役に立たない」にもいろいろなパターンが考えられる。

なお、漫画やアニメのようなフィクションの世界に存在するロボットについては、フィクションの世界の中で見た場合と、私たちの現実世界から見た場合で「役に立たない」の要素が変わることに注意が必要だ。たとえばパトカーを破壊する「アラレちゃん」は、「アラレちゃん」とともにペンギン村で生活している警察官にとっては「動作が想定外」(2b)であるが、それを漫画やアニメとして眺めている私たちにとっては、代わりに労働するわけではないが笑いを提供してくれる「表現、発信、

ロボットが「役に立たないと感じさせる要素」

1. ロボットの存在目的
1a. コミュニケーション・ロボット
1b. 探求、研究目的
1c. 表現、発信、アート
2. ロボットの機能、動作
2a. 機能が不十分
2b. 動作が不確実、想定外
3. ロボットの印象、外見
3a. ポンコツ、古い
3b. ゆるい、かわいい

アート」(1c)の一部となる。

これらは考察を進めやすくするために行った「役に立たない」と思われてしまう主要な要因の一つの整理であり、矛盾のない体系化や、絶対的な正解を求めるものではない。また、一つのロボットがいくつかの要素を兼ね備えることも、明らかに役に立っているロボットがここに挙げた要素を有することもあるから、「この要素があるロボットは、すなわち役に立たない」と言えるわけではない。

ただ、こうして「役に立たないと感じさせてしまう要素」を整理し、さらに先に四タイプに分類したロボットの「存在形態」を掛け合わせることで、「役に立たないロボットにはどんなものがあるのか?」をある程度整理することができ、また、さまざまなタイプの「役に立たないロボット」が存在することが分かる。

たとえばセラピーロボットの「パロ」は、存在形態としては、日常で入手して利用することが可能な「プロダクト」である。そして「コミュニケーション・ロボット」(1a)であり、「見た目がかわいい」(3b)。

一方で、『がんばれロボコン』の「ロボコン」は、特撮映像や漫画の中にだけ存在する「フィクション」である。そのフィクションの世界において、人のために働くようにつくられているのだが、ドジであるがゆえに「想定外の動作」（2b）を繰り返し、見た目もけっこう「ポンコツ」（3a）だ。そして、そんな「ロボコン」が存在する世界を私たちは、「表現、発信、アート」（1c）として楽しんでいる。

この二つのロボットの「役に立たない」はそれぞれ意味合いが違うし、社会に対して生み出す価値も異なるから、さまざまなタイプの「役に立たないロボット」を一括りに扱うべきではないだろう。ただ、だからこそタイプの異なる「役に立たないロボット」の相違点や関係性を紐解いていけば、普遍性をともなった考察を深めることもできるのではないだろうか。

役に立たないロボットは日本に特有か？

さて、取材と考察の準備として、「役に立たないロボット」における日本の特異性についても少し整理しておきたい。

「ロボット　日本と欧米」とインターネットで検索すると、「欧米では、ロボットは人間に服従しているべき対象だという考えが一般的」「欧米ではロボットは、〝人の仕事を奪う〟存在だと捉えられる」「日本には、万物は魂を宿しているという考え方がある」「エンターテインメントロボットは欧米では評価されない」「ロボットを友達だと思えるような日本の感覚は、世界的には特殊だ」などという記述が次々と見つかる。その背景についても、日本人の世界観や宗教観、経済事情など、さまざまな角度から考察されている。

また、ロボットスタート社によるWEBマガジン「ロボスタ」で世界のロボットを紹介している情報コンテンツを眺めてみると、日本のメーカーが開発したロボットは概して、ヒューマノイドだったり、生き物っぽさを感じさせたりと、なんとなくキャラクター性があって、親しみやすい印象を与えるものが多い。対照的に欧米のロボットはメカメカしくて、見た目から機能が概ね推測できるような傾向がある。あくまで印象なのだが、欧米のロボットは物理的な機能に最適な形をつくった後に可能な範囲でキャラクター性を付加しているけれど、日本のロボットは形をつくるプロセスにおいても、機能を損なわない範囲でもっと強くキャラクター性が意識されているように感じる。

定量的な評価が難しい印象論であり、例外もあるかもしれないが、日本と欧米のロボット観には確かに大きな違いがあるように感じる。そして、日本は世界の中でも「役に立たないロボット」が多く描かれ、生み出されている国であるようだ。

これは、日本が「役に立たないロボット」の取材を進めるために好都合であると同時に、日本と欧米のロボット観の具体的な違いや、その背景をしっかりと整理する必要があることを意味している。それによって、本書で考察する「役に立たないロボット」の社会的な存在意義や未来への可能性を、近現代の日本社会に閉じたものではなく、より普遍的に考えることができるからだ。

問いを整理する

本章の最後に、本書を通じて掘り下げていきたい「問い」を整理してみよう。

「役に立たないロボット」は、どういう背景や経緯で生まれて（描かれて、つくられて）きたのだろう？

「役に立たないロボット」は、「役に立たない」ことによって、どのような価値をもたらしているのだろう？

「役に立たないロボット」は、これからの社会をどのように変えていく可能性があるのだろう？

「役に立たないロボット」がもたらす価値は、「存在形態」や「役に立たないと感じさせる要素」とどのように関係しているのだろうか？

「役に立たないロボット」に対する感覚には、どのような日本（もしくは東洋）ならではの要素があるのだろうか？

軸となるのは、一つ目から三つ目までの問いだ。すなわち「役に立たないロボット」について、過去の背景や経緯を整理するとともに、いま生み出している価値を紐解き、未来の可能性を考察していくのである。その際には本章で言及した「ロボットの存在形態や要素による相違点や相互関係」「日本と西欧諸国の違い」を紐解く四つ目と五つ目の問いが重要なアプローチとなるはずだ。

次章からはいよいよ、いくつかの「役に立たないロボット」をピックアップして、取材とともに考察を深めていく。その中で問いが更新されたり、新たな問いが見つかったりすることもあるかもしれないが、柔軟に考えながら本質に迫っていきたい。

第二章 「弱いロボット」はウェルビーイングを引き出す

「弱いロボット」に会いに行こう

理屈だけで考えていくのも、抽象的で頭でっかちだ。「役に立たないロボット」は「役に立たない」ことによって、どのような価値を生み出すことができるのか。ここから先は、研究者や開発者への取材を進めながら迫っていくことにする。

まずは、豊橋技術科学大学の教授、岡田美智男さんへ取材を申し込むことにした。

岡田さんは、一人では何もできない「弱いロボット」の提唱者として知られる、この分野のパイオニアだ。ゴミ箱の形をしているのに、自分ではゴミを拾えない「ゴミ箱ロボット」などを、テレビや動画で見たことがある方もいるだろうか。「弱い」と「役に立たない」とで言葉の違いこそあれ、岡田さんのロボットたちはまさに本書の〝ど真ん中〟をいく存在だ。

岡田さんが生み出した「弱いロボット」をいくつか紹介しよう。

赤や青のカラフルなバスケット型の「ゴミ箱ロボット」は、床に落ちているペットボトルを見つけて、ヨタヨタと近づいていく……のだが、手がついていないので、自力ではペットボトルを拾うことができない。そのままモジモジと立ち尽くしていると、それを見ていた周囲の人が近寄ってきて、代わりにペットボトルを拾い、ロボットの本体となっているゴミ箱に入れてくれる。

「トーキング・ボーンズ」は、人の背骨をモチーフにしたような〝不気味かわいい〟ロボット。昔話を聞かせてくれるのだが、口調が「むか、し、むかしね、あるところに、ね、」と幼児並みにたどたどしいうえに、ときどき物忘れをする。たとえば、子どもたちに囲まれて昔話の『桃太郎』を話していても、「どんぶらこ、どーんぶらこと…、えーと……、なにがながれてきたんだっけ」と途切れてしまうのだ。そして、子どもたちが一斉に「桃!」と言うと、思い出したように「それだ! おおきなももがね、ながれてきてね、」と話を続ける。

「アイ・ボーンズ」も「トーキング・ボーンズ」と同じように人の背骨がモチーフになっていて、右手にはティッシュを持っている。人が行き交う場所に立ってティッシュ配りをしようとするのだが、ティッシュを持ったまま、うまく差し出すことができず、キョロキョロ、モジモジとしてしまう。すると、通りがかった人が足を止め、自らティッシュをもらいにいく。めでたくティッシュを受け取ってもらえたロボットは、ペコリと軽く会釈をする。

「弱いロボット」はほかにも、一緒に並んで手をつないで歩くだけの「マコのて」や、たどたどしい言葉でニュースを伝える「Ｍｕｕ（むー）」など、「ロボット」という言葉からはイメージしにくいようなものが多く、バリエーションも豊かだ。どれも、誰かの手助けを上手に引き出すことによって、ロボット単体では成し遂げられない目的を達成してしまうロボットたちなのだ。

しかし筆者は、こうした「弱いロボットたち」に釈然としないものを感じていた。「ゴミ箱ロボット」が活躍できるような、「手で拾える大きさのゴミが落ちたまま放っておかれていて、拾うことができる人が近くにいる」というシチュエーションが、現実の日常にそうそうあるだろうか。周囲に人がいる必要があるけれど、人が多すぎてもロボットはうまく避けられないだろうし、地面に凹凸があってもうまく移動ができない。

言葉を選ばず端的に言えば、「弱いロボット」のシチュエーションから引き出される人の反応に〝ヤラセ〟っぽさを感じたのだ。ロボットが機能するためのシチュエーションが限定的であったり、不自然さが残っていたりする点をどう考えたら良いのだろうか。

考えるヒントは、二〇一八年に日本記者クラブで開催された岡田さんの講演にあった。

岡田さんは「弱いこと、できないことによって、相手の積極性や強みを引き出すことができる。手伝う側もなんだか嬉しいし、有能感を得る」と説明し、「ここに、弱さの積極的な価値を感じ取ることができる」と語っている。岡田さんはあくまで、人とロボットの関係性やコミュニケーションを研究するために「弱いロボット」をつくっているのだ。

たとえば「ゴミ箱ロボット」も、「どのような状況で弱さの価値が発揮されるのか」「弱さの価値が発揮されると、接した人はどんな影響を受けるのか」を探求するためにつくられたロボットなのであり、ゴミをきれいにすることがゴールではない。実社会で機能することを直接的に目指していないのであれば、機能する条件が限られていることも問題ではないだろう。

問いを整理する

岡田さんから快く現地取材の了承をいただいた。取材に向けて、「弱いロボット」に関する情報を、第一章で提起した四つの「存在形態」と、「役に立たないと感じさせる要素」に当てはめて整理してみよう。

まず「存在形態」は、機械としての身体が存在するけれど、まだ市場へのリリースには至っていない。デモンストレーションやトライアルに位置づけられると言って良いだろう。

　また、「弱いロボット」は労働や作業のためのロボットではない。コミュニケーション・ロボット(1a)の一種であり、人とロボットの関係を研究するためのロボット(1b)でもあり、昨今ではメディアでも取り上げられて「弱さの価値を発信するロボット」(1c)としての性格も併せ持っている。

　そして、「機能が不十分」(2a)。ただし、これには「一人では」という枕詞がつく。裏を返せば、誰かの助けを引き出せれば、何かを成し遂げられるのだ。

　さらに、見た目も冴えない。ポンコツっぽさ(3a)やゆるさ(3b)を感じさせるものだ。

　岡田さんに聞きたい疑問や、一緒に考えたい「問い」が浮かんでくる。

　まずは、「弱さの価値」が発揮される条件だ。どういうロボットであれば、「相手の強みを引き出し、有能感を与えたり、関係性をつくったり」「手助けした方に、嬉しさや有能感を与えたり」することができるのだろうか？　単に弱ければ何でも良い、というわけでもないだろう。言い換えれば、どんな条件を満たせば、「弱いロボット」のような存在を成立させることができるのだろうか？

　この考察は、第一章で整理した要素に紐づけて考えたい。「むしろ、人の助けを必要とする」（2b）けれど、見た目が3aにも3bにも該当しない「クールな人型ロボット」だったとしたら、同じような効果は期待できないのか？　あるいは、2aと3aや3b以外にも、必要な要素があるのか？　そもそも「ロボットであること」も必要な条件なのか？

さらに、「弱さの価値」とは具体的にどういうものなのかも聞いてみたい。人が「弱いロボット」を手助けして「嬉しさ」や「有能感」を得るところまでは良いとして、それにはどんな意味があるのだろう？　その人や社会をどのように変えていく可能性があるのか？　それは、現代の人や社会が必要としているものなのか？　社会背景も含めて、考察を深めてみたい。

いざ、取材へ

豊橋駅からタクシーで約三〇分。岡田さんがいる豊橋技術科学大学は、街の郊外にあった。

案内されたのは、たくさんの「弱いロボット」たちが陳列された、ショールームのような一室だった。入り口にはたどたどしい言葉で情報を伝える「む〜」が三台鎮座している。見た目は「目玉」そのものだ。部屋の中には、動画で見た「弱いロボット」たちの実物が

ラボで来訪者を向かえる「Muu（む〜）」たち

たくさん並んでいる。「なんかゆるい」「脱力系」といった、おおよそロボットとは縁遠そうな言葉が思い浮かんだ。

ヨタヨタが肝心？

岡田さんの話は「弱いロボット」をつくり始めた頃のことから始まった。

僕が最初につくったのはこのロボットなんです。

紹介されたのは、棚に並べられたうちの一つ、「家庭のテーブルの隅っこで新聞を読むお父さん」をイメージしたという、高さ二〇センチほどのロボット、というより人形のようだ。背骨にあたるところが大きなバネでできているため、内臓のモーターを駆動させなくとも触るだけでユラユラと揺れる。

この「ヨタヨタ感」が面白いと思ったんです。さらに、これをキョロキョロさせることで、生き物らしさが生み出せるんじゃないか。それがロボットづくりのスタートでした。

岡田さんがロボットづくりに取り組むようになったのは、一九九〇年代の半ばのことだった。それまでは音声認識の技術に関連し、「言い直し」や「言い淀み」といった「非流暢性」の研究に取り組み、その応用で、スクリーン上でおしゃべりをするようなバーチャル・クリーチャーをつくる仕事にも従事した。

でも、スクリーンの中に生まれたクリーチャーに、なんとなくつながりを感じられない。彼が「助けて」と叫んだとしても、ぜんぜん助けようかなという気にならない。身を乗り出しちゃうような没入感とかリアリティがなかったんですね。

岡田さんはバーチャルな存在に限界を感じ、「実体のあるロボット」をつくってみたいと思うようになる。

僕はロボットづくりの〝素人〟だったこともあって、「役に立つロボットをつくろう」とはあまり思わなかった。「案内してくれるロボット」や「本を読んでくれるロボット」というアイデアは出てきても、「そんなものに囲まれたら気持ち悪いだろう」と思ったんです。

そこで、家庭のテーブルの隅っこで新聞を読んでいるお父さんのイメージで、何も役に立たないんだけど「そこにいないとなんとなく寂しい」という存在をつくってみたんです。「関係性を指向したようなロボット」という方向づけが生まれたんですね。

関係性を指向する上でカギとなる〝ヨタヨタ感〟も、岡田さんがロボットの専門家ではなかったから生まれたのだという。

東急ハンズに行ってウロウロしながら、植木に使うようなものや、バネだとかを見つ

けて、部品になるいろんなものを集めて、手づくりを始めました。大きなバネをコンピューターでコントロールしてゆらすと、キョロキョロしてくれるんですね。不必要なことを削ぎ落としていっても、この「ヨタヨタ感」は最後まで残ります。生き物らしさや、心を感じられる要素は、すごく大切なんです。

「新聞を読むお父さん」は、岡田さんが最初につくった〝ロボット〟にして、その後の多くの「弱いロボット」たちにも共通する「関係性の指向」と「ヨタヨタ感」を兼ね備えていたのだ。

ウェルビーイングを引き出すために、心を感じさせる

「ヨタヨタ感」が「生き物らしさ」につながるのは感覚的に分かるが、「弱さの価値」にはどうつながっていくのだろうか。

岡田さんによれば、「人間には心を感じる条件のようなものがある」という。

私たち人間は、目の前に何か動くものがあると、次の行動や動きを読もうとします。

それは何のためかというと、いわゆる危険予測、つまり襲ってこられたら困るからなんですね。それで、「こいつは次にどう動くだろう」と考えるときには、「こいつが仮に、意思や目的を持った生き物だったら」「誰かが設計した機械だったら」「物理現象として動くなら」と、仮定を設けるんです。

一般論として、私たちは動くものに対して、生き物の意思、設計、物理のいずれかを投影しながら次の行動を予測するのだという。たとえば、山道を登っているとき、斜面を駆け下りてくるイノシシに気づいた場合と、落石が向かってくることに気づいた場合では、次の予測を立てる考え方がまったく異なるということだ。では、目の前にロボットがいた場合はどうだろう。

目の前に「ゴミ箱ロボット」がいたとき、どう捉えると説明が付きやすいのか。ただのゴミ箱として、物として見るのか、目的とした機能を発揮するように設計された機械としてなのか、意図をもっていてゴミを拾い集めようとしているのか……。子どもたちはそこでロボットに心を帰属させて、ゴミ拾いを手伝っているのです。なぜかと

岡田美智男（おかだみちお）さん
豊橋技術科学大学 情報・知能工学系教授。1960年、福島県生まれ。東北大学大学院工学研究科博士課程修了。NTT基礎研究所情報科学研究部などを経て現職。専門は、コミュニケーションの認知科学、社会的・関係論的ロボティクス、ヒューマン-ロボットインタラクションなど。

言うと、ヨタヨタしていて生き物らしいし、キョロキョロしていて何かを探しているようにも見えて、心があるものとして捉えると次を考えやすいから。

もしも、ヨタヨタ、キョロキョロではなく、タイヤ付きのスマートなゴミ箱がスムーズな動きでゴミの近くまできて、無機質な声で「ゴミを拾ってください」と言ったとする。近くにいる人は「こいつはゴミを集めるために設計されたんだ」とは思っても、「ゴミ箱がゴミを集めようとしている」とまでは思わないだろう。連帯感のような関係性を感じづらいことも容易に想像できてしまう。

子どもたちはヨタヨタ動いているゴミ箱ロボットを見ると、一生懸命に手助けをしてくれる。発達障害の子どもたちも、すごく積極的に関わってくれる。ロボットの弱さが〝のりしろ〟になって、子どもたちの強みや優しさを発揮させたり、一体感や達成感につながったりする。やっているうちに、ポンコツさやヘコみが周りの人を生き生きとさせていることに気づいたんです。こうしてウェルビーイングが引き出されることは、部屋がきれいになるよりも子どもたちにとって良いことだと思うんですよね。

ロボットはあえてヨタヨタし、キョロキョロすることによって、実際には持っていない心や意思を感じさせ、ウェルビーイングを引き出す存在になり得るのである。

「弱み」を開示する

岡田さんの話は「周りの助けを引き出す」ために重要なことへと進んでいく。

共同行為を生み出すために、「いま自分がどういう状態にあるか」を周囲に対して開示します。相手からすると、関われる余白や、困っている部分として見えるのです。実際に助けてもらえるかは相手次第ですが、少なくとも「弱みを開示」しておくことが重要です。

『桃太郎』の話をしながら途中で忘れてしまう「トーキング・ボーンズ」は、分かりやすい。流暢ではないしゃべりで危なっかしさを醸し出しておいて、「どんぶらこ、どーんぶらこと…、えーと……なにがながれてきたんだっけ」と話の続きを思い出せないことを素直に開示するから、子どもたちは面白がって「桃！」と反応するのだ。

また、しゃべる機能を持たない「ゴミ箱ロボット」であれば、困っていることを「察してもらう」必要がある。常にヨタヨタして、「このロボットは何をしたいのだろう？」と周りの人の注意を引き、さらにゴミに近づいて激しくキョロキョロ、モジモジして見せるという二段構えの作戦で、「ゴミをなんとかしたいけど、自分ではできない」という状況を伝える。

いずれにしても、ロボットが「弱さ」を活かすためには、ヨタヨタ感によって「心や意思を感じてもらう」だけでは不十分だ。ヨタヨタ感は「何をしてほしいのか」を察してもらうための布石にすぎなかったのである。

期待値を下げる

ロボットの見た目についても、岡田さんに尋ねてみる。どうして「弱いロボット」のモチーフがゴミ箱や骨なのだろう。どうしてこんなに頼りなくつくられているのだろう。

実体を持っていることは、見る人の志向的な構えを引き出すうえですごく重要なのですが、その体が人間に似すぎると、見る人からは「人間のような能力を持っているんじゃないか」と期待されてしまうんです。すると、多少のことができたくらいでは「たいしたことないじゃないか」とがっかりされてしまう。期待値とのギャップですよね。

もしも、精悍（せいかん）な若者の顔をした人間そっくりのロボットが、ヨタヨタとゴミの近くまで歩いてきてモジモジし始めたとしたら、どんなことを感じるだろうか。さらに、ゴミを拾ってあげたことに対して、その精悍な顔ですごく嬉しそうな反応を示されたとしたらどうだろう。かなりの違和感を覚えるはずだ。
生き物らしさを感じさせる身体が必要でありながら、リアルな生き物に近づけると期待値が上がり過ぎてしまう。そのジレンマを回避するための策が、ゴミ箱や骨をモチーフとした頼りない見た目なのだった。

人間や馴染み深い生き物に似すぎても駄目だけれど、さりとて生き物っぽさがないと、今度は関係性や感情移入とか、相手が何をしようとしているのか考えたりすることがなかなか起こりにくくなる。

そういえば、病院や高齢者施設などでセラピーロボットとして活躍している「パロ」も、身近な犬や猫をモチーフにすると本物との違いが違和感として目立ってしまうという理由もあって、多くの人にとって馴染みが薄いタテゴトアザラシがモチーフに選ばれたと聞く。

ロボットであることの最大の利点は、このバランスをうまくとって、「期待値の調整」ができることです。創作物なのでゴミ箱だってロボットになるし、目玉だけだってロ

ボットになる。僕らはその都度、都合のいいようにつくれるわけです。

「ゴミ箱ロボット」や「トーキング・ボーンズ」は、どんなに頑張っても高度な生物に見えない外観で、周りの人に「たいしたことはできません」と予防線を張っておく。だから、ヨタヨタした動きで「心や意思がある存在だと思わせる」ことも、弱みを積極的に開示することも、がっかりされずに受け入れられるのだ。

見た目へのこだわり

「弱いロボット」の外観と動きには、思いのほか重要な役割があった。岡田さんが楽しそうに、ロボットが生まれた経緯やこだわりを口にする。

「ゴミ箱ロボット」は今から一〇年ぐらい前に、学生たちと遊んでみようと思ったのが始まりです。最初はランドリーバスケットを持ってきて、〝コマ撮り動画〟をつくってみた。ちょっと歪(ゆが)ませてパチリ、少し動かして、さらに歪ませてパチリ、と写真をつなげていったら、ストップモーションでヨタヨタと動いているように見えた。

「これは面白いから、実際につくってみよう」となると、その先は学生たちの技術がすごくて。部品を集めてきて、モーターをつけて、パソコンを組み入れて、本当にヨタヨタと動く面白いロボットにしてくれたんです。

ロボットの本体をつくっている製作室のような部屋を見せてもらうと、壁の補修などに使うパテの粉が床に散乱していた。３Ｄプリンターでつくった造形物の表面の段差をなだらかにするために、パテで段差を埋めて、ヤスリで表面を整えて、塗装するそうだ。仕上げの段階では、粘土、塗料などの工作材料を使って、極めてアナログにロボットの身体をつくっている様子が垣間見えた。本体を外注することはほとんどなく、バネによる〝ヨタヨタ感〟がどのように作用するかを実際につくって確かめながら、自分たちで試行錯誤を繰り返しているのだという。

人間にも通じる？

「弱いロボット」たちが、「弱さの積極的な価値」を発揮できる条件として、どのような要素があったか、いったん整理してみよう。

・「期待はずれ」にならないように、冴えない見た目であらかじめ期待値を下げておく
・実体があり、ヨタヨタすることで、「何か意思や目的がある」との志向的な構えを引き出す
・何をしたくて、何ができないのかを、周りにも分かるように開示している

どこかで見たことがある。

いや、正確には、心当たりがある。

筆者に当てはまることばかりではないか。

筆者は人間だから、あらためて「意思や心がある存在」だと思ってもらう必要はないのだけれど、困ったことや助けてもらいたいことがあるときは、助けてくれる人を探すようにフラフラ・ヨタヨタとそのへんを歩き始めるクセがあることを自覚している。

そして、人の期待を裏切ることを恐れて、なんとなく予防線を張ってしまうクセもある。外見にしても、髪の毛をしっかりと整えることはほとんどないし、少しくたびれた服を着ているあたりも、「弱いロボット」にそっくりではないか。

もしかすると、意外なところで「周りの人たちのウェルビーイングを引き出すこと」ができているのか。いや、そんな気はしない。たとえば、以前の職場でこんな経験があった。筆者は執務室のデスクにインスタントのコーヒーのボトルを置いている同僚女子がいた。筆者はどちらかと言えばお茶が好きだが、たまにコーヒーが飲みたくなることがある。そんなときは、マグカップを持ってヨタヨタと歩いていく。同僚の視界に入るところで立ち止まり、いかにも「疲れちゃったから、少しリフレッシュしたいなぁ」と物欲しそうな顔でインスタントコーヒーのボトルを見つめる。だが、たいていは、無視される。しばらく様子をうかがった後、「あのー、コーヒーをいただけませんか?」と精いっぱい丁寧にお願いをしてみても、返ってくるのは「なんで、私があんたにコーヒーをあげなくちゃいけないの!?」という怒りの声である。

実に愚にもつかないエピソードではあるけれど、ひとまず筆者が「意思や目的を持って動いている」ことは明らかだし、空のコーヒーカップを持って視線を送ることによって「どう助けてほしいのか」も明示している。普段からだらしないところを見られ、期待値調整もある程度は済んでいたはずだ。にもかかわらず、筆者はコーヒーを手に入れることも、同僚のウェルビーイングを引き出すこともできなかった。

弱さを活かして「ウェルビーイングを引き出す」ためには、ほかにも何か必要条件があるのだろうか。

共同行為だと感じられるか

重要なのは「一緒に何かをする」という〝共同行為〟の感覚です。「アイ・ボーンズ」がポケットティッシュを渡す行為も、「渡す・受け取る」という非対称の関係と捉えるのではなく、「受け渡すという行為を一緒につくった」という実感を得られると、心が通じた感じがするんです。

何かをしてあげるという利他的なものでもなく、何かをさせられているってことでもなく、たとえば一緒になってゴミを拾い集めて部屋をきれいにしましょうというとき、利己的なものではないお互いに共通のゴールを一緒に持って、一つのシステムをつくり上げる。こういう感覚がすごく重要なんです。

岡田さんは、「ロボットにヒッチハイクで北米を横断させる」という二〇一〇年代半ばに行われた実験について触れた。カナダの複数の研究チームによるもので、手足は付いていているが自律歩行はできず、人工知能による簡単な会話くらいしかできない「ｈｉｔｃｈＢＯＴ（ヒッチボット）」が、通りがかったドライバーの手で車に乗せてもらい、ヒッチハイクを繰り返して、目的地へ到達するというものだ。目的は、人間がロボットに対してどれくらい親切にできるかという社会性を調べるものだった。

二〇一四年夏、カナダで東海岸から太平洋まで六〇〇〇キロにわたる横断の旅を果たした「ｈｉｔｃｈＢＯＴ」は、翌年、ドイツ、オランダでも同様の調査を行った。しかし、アメリカで行われた同様の実験では、それまでとまったく違う結末に終わったという。

ロボットは、めちゃくちゃに壊されたんです。

「弱さ」は相手の強みや優しさを引き出すけれど、反対にものすごいパワーの暴力を引き出してしまうこともある。暴力を引き出すのか、助けを引き出すのかの境目は、「何かを一緒に成し遂げられるか」ではないかと思うんです。お互いにとって嬉しいことであれば、「手をつなぐ」のようなちょっとしたことでも良い。でも、単に弱いだけで、自分と一緒に成し遂げられるようなことが見当たらない存在なら、人はあまり関わりたいとは思わないかもしれない。近くにいたら、蹴飛ばしたくなるというこ

とでしょう。

マグカップを手にした筆者がコーヒーを手に入れられず、むしろ「怒り」を引き出してしまったのは、筆者がロボットではないからというよりも、共同行為の要素がほとんどなかったからなのだろう。ウェルビーイングを引き出す要素として、「お互いにとって嬉しいことを、一緒に成し遂げることができる」を加える必要がありそうだ。

ウェルビーイングを引き出す条件

「弱いロボット」が周りの人の「ウェルビーイング」を引き出す要素は、項目を一つ加えて次の四つにまとまった。

- **「期待はずれ」にならないように、冴えない見た目であらかじめ期待値を下げておく**
- **実体があり、ヨタヨタすることで、「何か意思や目的がある」との志向的な構えを引き出す**
- **何をしたくて、何ができないのかを、周りにも分かるように開示している**

・その「したいのに、一人ではできないこと」は、人と一緒なら成し遂げられ、お互いにとって嬉しいことである

「何をしてほしいか周りに察してもらう」とはずいぶん高等な動き方だ。けれども、周りからの期待値を上げないように、「賢い」という印象は与えたくない。「弱いロボット」たちが抱えている〝フクザツな事情〟に、なんとなく未成熟な〝人間臭さ〟のようなものを感じてしまう。

そこで岡田さんに「人間もロボットと同じように、〝弱さ〟を活かしてウェルビーイングを引き出すことができるのか」を尋ねてみる。

僕らはコミュニケーションの研究からスタートしているから、ロボットが創作物であるという利点を活かして、コミュニケーションに必要なところだけにフォーカスしてデザインしています。研究に必要な特定の場面だけを抽出してつくっているんです。でも、ロボットと人じゃなくて、人と人でも同じような関係は再現できるでしょう。たとえば、僕が変な着ぐるみを着て、間抜けな格好でゴミ箱を持ってヨタヨタしてい

たら、誰か付き合ってくれるかもしれない。

岡田さんの話から浮かび上がってきた「弱さを活かしてウェルビーイングを引き出す要素」は、ロボットに限らず適用できる普遍性を持っているのである。「弱みの開示」や「期待値調整」は、人間にとって簡単ではないかもしれないけれど、カッコつけずに弱みを開示したり、コーヒーを分けてもらうとかではなく、対等な人間同士で取り組むにふさわしい「共同作業」を設定するなどの工夫で、ウェルビーイングを引き出せるはずだ。

他方、研究には人間や動物を使うよりも、ロボットをつくったほうが都合が良いというのも道理である。自由に創作できるというメリットを活かし、必要な要素だけを具現化すれば、開発が簡略化され、周りからもロボットが「何をしてほしいのか」が分かりやすくなるという効果をともなう。

「ゴミ箱ロボット」や「トーキング・ボーンズ」のように、「何か意思や目的がある」と思わせる「生き物らしい動き」と、「とは言え、たいしたことはできないだろう」と思わせる「ポンコツぶり」を、絶妙なバランスで両立することもできる。結果として、とてもシンプルな「共同作業」で、周りの人のウェルビーイングを引き出すことができるのだ。

「弱いロボット」の実装

さて、「弱いロボット」は今後の社会の中でどのように活かしていくことができるのか。

まず、インフラ系の話がいくつかあります。

3・11のとき、防潮堤があることによって住民が「津波が来ても大丈夫」と思い、避難行動に遅れが生じてしまいました。でも、もしも防潮堤が「僕も頑張るけど、世の中に〝絶対〟はないので、大きな津波が来たら耐えられないかもしれません」なんて弱音を吐いたら、近隣住民はいざというときの対策をもっといろいろと考えるようになるかもしれません。

原発事故で電力が逼迫したときに、「病院で使う電力が足りなくなるかもしれない」というアナウンスがあったら、みんなが「そんなに大変だったら、これは消そうか」とか「エアコンの温度はちょっと上げようか」などと節電を始めました。普段は何も言わない電力システムが正直に弱音を吐くことによって、全国の人たちの優しさとか工夫を引き出したと考えると、なかなかすごいと思うんです。

これまで出てきた「弱いロボット」とはスケールが異なる、社会全体に働きかけるような発想だ。

バスの運行システムなんかを考えてみても、最近はバスが三分ぐらい遅れただけで、停留所で待っている人たちがカリカリしている。寛容さを失っているわけですね。だから、バスの運行システムもスピーカーやスマホアプリなんかを通じて「今ちょっと渋滞引っかかって困っているんだよね」と弱音を吐いたらいいんです。そうすれば、「遅れるんだったら、本でも読んでようかな」っていう寛容さを引き出せるんじゃないかな。

弱音を吐くのは、なぜ難しい?

「弱音を吐く」ことは、ロボットやシステムだけでなく、私たち人間にとっても、なかなかに難しい。

東日本大震災やコロナ禍を経て、それこそ交通網や防潮堤などの社会インフラに「絶対」を求められないことは、少しずつ浸透してきている。一人ひとりの弱音の吐きやすさはあまり変わっていないどころか、少しずつ弱音を出しづらい世の中になっている気さえする。

会社の仕事がうまく進まずに行き詰まっても、自分でなんとかしようと納期ギリギリまで頑張ってみたり、体調がかなり悪くても、なかなか言い出せずに無理をして出社したり。結局、仕事は納期に間に合わなかったうえ、余計に体調を崩してしまったりして、誰のためにもならなかったりすることもある。

現代社会は個体能力主義や自己責任論が強いですよね。「一人でできるもん」が良いこととされていて。でも現代は、心が折れてしまいやすい社会とも言われる。社会が、経済的効率性一辺倒で、土が痩せて、環境が痩せて、社会システムまでもが痩せてしまっている。そういう意味では、現代の社会はあまり豊かではないのかもしれない。

助けて欲しいときは「助けて」と、しんどいときは「しんどいです」と、言えばいいだけの話なのだけど。それがなかなか難しかったりする。なぜだろうか。

読者の中にも、幼少期に親や周囲の大人たちから「弱みを見せるな」「人に迷惑をかけるな」と教えこまれてきた方はいないだろうか。そういう経験の影響は少なからずあるだろうし、当然ながら恥ずかしさやプライドだってある。テクノロジーの進歩によって他者に頼らず自己完結できることが増えたうえに、経済性や効率をさらに上げていこうとみんなが必死な現代社会では、自分のために他者に時間を使ってもらうことに抵抗感を覚えやすい。

江戸時代は、裸一貫で飛び込んでも、周りで支え合えるような、もっと豊穣(ほうじょう)な社会があったはずなのに、どうしてこうなったんでしょうね。明治時代あたりの教科書に「人に頼ってはいけない」「一人でやる」「迷惑かけるな」とでも書いてあったのですかね。

「弱音を吐く」のがなぜこうも難しくなっているのか、理由は複雑に絡み合っている。いろいろなことを自己で解決しようとすること自体は悪いことではなく、解決できるのなら、それにこしたことはない。けれど、弱音を吐きづらい個体能力主義の世界は、岡田さんが「心が折れやすい」と言うように、孤独や寂しさも感じる。

個体能力主義の世の中を変えていきたい

岡田さんの話から、「自立」「依存」というキーワードが浮かび上がってくる。

自立とは、実は「依存先をたくさんつくって、分散させておくことなのではないか」という考え方を熊谷晋一郎さんが提示しています。私も以前は、自立とは「人の手を借りず、依存せずに生きていくこと」だと思っていたのだけど、逆の考え方ですよね。

熊谷晋一郎さんは脳性麻痺の後遺症がある小児科医で、東京大学先端科学技術研究センターで教授を務めている（二〇二四年一二月現在）。小児科学と当事者研究を専門分野とし、執筆を担当した『知の生態学的転回 第2巻 技術：身体を取り囲む人工環境』（東京大学出版会 二〇一三年）第四章「依存先の分散としての自立」の中でも、この「自立」に関する考え方に触れている。

人間が社会的な生物であることを踏まえれば、「一人で生きていく」のは不可能であり、「他者へ過度に依存している状態」はもちろんだが、「誰にも依存できない状態」も好ましくないのだ。

社会には「手助けをしてもらってはいけない」という不文律があるように感じます。でもコミュニケーションの研究で、「ちょっとだけ手伝ってもらったら、何かいいことはないかな」と考え始めたら、どんどんアイデアが広がってきました。一人でやることにこだわり過ぎて、うまくできなかったことや、コストが上がってしまったことがいっぱいあることにも気づきます。

「人に手伝ってもらってもいいんだ」と受け入れれば、もっと面白いことができるようになると思うんです。

ここまでいくと「弱いロボット」は、単なるサービスや癒し、コミュニケーションを目的としているというより、人の生き方に示唆を与えるような存在だといえる。

周りから支えられる「弱いロボット」は、生態心理学（私たちの身体と環境との相補的な関係に着目する心理学）のロジックから入っています。機能をどんどん削ぎ落として、その機能を周りに委ねるようなロボットを自然な発想でつくってきたんです。

そうしているうちに、世の中の個体能力主義的な考え方を強く感じるようになり、それをもう少し引き戻したいと思うようになりました。僕も六〇歳をすぎてそれなりの年齢で、孫もいるし、そろそろ人生の終わりに近づいているんで、世の中に何か残しておきたいな、と。

「弱いロボット」をコンセプトにした製品が登場する

パナソニック（パナソニック エンターテインメント&コミュニケーション株式会社）と岡田さんが共同で開発した、気ままな同居人ロボット「NICOBO（ニコボ）」は、そんな未来に向かう大きな一歩になるのかもしれない。

「ニコボ」は「弱いロボット」のコンセプトを元に設計された、「しっぽは振るけど甘えてこない」「〝どうしたの？〟と思わずかまってあげたくなる」ような家庭用のロボットだ。接する人の「かわいがる力」を引き出す直径二十数センチの丸いロボットで、二〇二一年二月にクラウドファンディングが実施され、目標金額の一〇〇〇万円を達成して本格的な量産態勢を整えた経緯をもつ。その後、支援者たちに向けて二〇二二年三月にリリースされ、翌二三年に一般販売が始まった。

岡田さんが、そのベースにある考え方を言葉にする。

部屋の中で一人でじっとしていると、何だか不安になってくる。そこには、「誰も頼れない」というだけでなく、「誰からも頼られない、期待されていない」という〝虚無感〟があるんです。だから、役には立たないし、会話をする必要もないんだけど、「一緒に生活しながら、お互いをゆるく制約し合う」存在があれば、ぜんぜん違うんじゃないか。最初につくった、テーブルの隅で新聞を読んでいるお父さんのような存在なら人工物でつくれるはずだと思ったんです。

私たちだけでは、ゴミ箱ロボットのような「プロトタイプ」はつくれるのだけど、コストの問題があって、世の中に出すのが難しかった。パナソニックさんがすごいのは、これを五〜六万円程度の現実的な価格にできたことです。

これはまさに、「ゴミ箱ロボット」や「トーキング・ボーンズ」たちが生み出してきた「関わった人も、なんだか嬉しい」というウェルビーイングを、一般家庭においてもそのまま再現しようという挑戦だ。

「NICOBO（ニコボ）」　提供：パナソニック エンターテインメント&コミュニケーション

岡田さんには、それ以上に嬉しいことがあった。

高いレベルの利便性や経済的合理性を追求し続けてきた企業が「弱いロボット」に着目してくれた、というのが面白いですよね。大きな会社から「ウェルビーイングをつくろう」という流れができて、世の中のものづくりの方向性や、ロボットの見方が少しずつ変わっていくと良いな、と思います。

「弱いロボット」を体験する

インタビューを終えた後、岡田さんの研究室へ案内してもらった。その先々で、学生さんたちに「弱いロボット」を実際に動かしてもらい、体験することができた。

最初の部屋では二人の学生さんが待っていた。

まずは「アイ・ボーンズ」。冒頭で少し紹介した、街角でポケットティッシュを配ろうとしていたあいつだ。しかし、モジモジしている手をよく見ると、持っているのはポケットティッシュではなく消毒用アルコールだ。

「なるほど、そういうことか」と、筆者が右手を「アイ・ボーンズ」の手に近づけると、「アイ・ボーンズ」がスプレーを吹き付ける。そして、こちらに軽くお辞儀をした。

続いて、「トーキング・ボーンズ」。「いまーからね、ももたろうーのね、おはなしをね、するよ。あのね、むかしむーかしね、あるーところにね」。これも動画で見たやつだ。「おばあさんがね、かわでせんたくをしているとね、どんぶらこ、どーんぶらこと…、えーと……、なにがながれてきたんだっけ」。

「待ってました！」と妙な感動を覚えつつ、「そこ忘れるのはあり得へんやろ〜！」とへんてこりんな関西弁で突っ込んでしまった。しかしすぐに、ロボットの紹介動画で子どもたちが無邪気に楽しそうに「桃！」とロボットに教えてあげていた様子が思い出され、「あ、私はなんてつまらない大人になってしまったのだろう」と軽く自己嫌悪してしまう。

あらためて「すんません、桃ですね」と口にすると、「トーキング・ボーンズ」は「それだ！」と話を思い出し、「おおきなももがね、ながれてきてね」と話を進めていった。「有能感」と言うには少し大げさかもしれないが、「成功体験」のような感覚が残った。

学生さんたちの言うことが面白い

次に案内された大きめの研究室では、多くの学生さんたちが作業に没頭していた。そして、リレーするように学生さんたちは実験や開発の真っ只中にあるロボットを次々と紹介してくれた。

彼らは「弱いロボット」の研究のどのようなところに魅力を感じているのだろう。どの学生さんにも、その点を尋ねてみる。「メカメカしたロボットではなくて、かわいいロボットをつくりたいと思ったんです」「〝役に立たない〟ことの研究なんて、企業に就職したら絶対にできないだろうから、学生のうちにしかできないことをやりたいと思って」などの答えが返ってきた。岡田さんによると、「弱いロボット」の研究は、欧米諸国からの留学生にも「日本のキャラクター文化が好き」「友だちになれるようなロボットをつくりたい」と人気があるのだという。

学生さんたち一人ひとりに異なる思いがある中で、「アイ・ボーンズ」と「トーキング・ボーンズ」の体験をアテンドしてくれた男子学生の言葉は、特に印象深かった。

僕は高専の出身で、ソフトウェアの開発をやってきたんですけど、エンジニアとしては周りの人に敵わないと感じることが多くて。それでも、話すことが好きなので、それで何か力になれないかな、と。この研究室なら、いろんな技術を持っている人もいるし、得意なコミュニケーションのことを考えて、こうやってロボットを紹介したりする機会もあるから、自分がチームの一員として貢献できることを探せると思ったんです。

岡田さんの研究室は取材が多く、来訪者をアテンドする中で自分自身のことを話す機会も多いのかもしれないが、それにしてもロボットの研究に「コミュニケーションで貢献する」というのはユニークな考え方だ。

というより、これは「弱いロボット」の「弱みの開示」に似ているのではないか。

そう言えば取材の中で、岡田さんも「全国の高専から集まってくるいまの学生は、技術力が半端じゃなくて、部品をかき集めて何でもつくってしまう」と、学生さんたちをずいぶんと頼りにしているようだった。

弱みを見せることはできるだろうか

取材を終えた頃、とうに陽は沈んでいた。

帰途につきながら一日を振り返ると、新たな「問い」が浮かんできた。それは、「弱いロボット」が「人間からウェルビーイングを引き出す役」なのか、それとも「人間のウェルビーイングのお手本」なのか、というものだ。

たとえば、「ゴミ箱ロボット」が普及した世界を想定して考えてみよう。

「ゴミ箱ロボット」がゴミの前までヨタヨタとやってきて、モジモジする。それを見た人がゴミを拾い、ちょっとした「有能感」を感じる。この時点で、「ゴミ箱ロボット」は「人間からウェルビーイングを引き出す」という役割を果たしている。

しかし、これだけで岡田さんが言う「個体能力主義の世界を変える」に至るとは考えにくい。なぜならそのウェルビーイングは一過性のものであり、「ゴミ箱ロボット」がいなくなれば引き出されなくなってしまうからだ。一過性に終わらないために、無数の「ゴミ箱ロボット」を世界中にちりばめておくことも理論的には考えられるが、それは「ゴミ箱ロボット」への過度な依存であり、そもそも現実的ではないだろう。

「個体能力主義の世界を変える」とは、結局のところ、社会に生きる人たちの考え方や生き方を変えることなのだ。つまり、「ゴミ箱ロボット」を前にしてゴミを拾った人が「弱みを見せたり助けを求めたりするのは悪いことではなく、むしろほかの人のウェルビーイングを引き出すのだ」と気づき、さらに他人に弱みを見せたり助けを求めたりして、ウェルビーイングを引き出す。そうしてウェルビーイングを引き出された誰かが、また別の誰かのウェルビーイングを引き出す。そんな連鎖を引き起こす必要があるはずだ。

おそらく容易ではない。しかし、研究室で取材に応じてくれた学生さんが、「弱いロボット」のごとく「自分はエンジニアリングが得意ではない」と弱みを開示しながら研究に取り組んでいたように、十分に起こり得ることでもあるだろう。

私たちは、ウェルビーイングを「弱いロボット」に引き出してもらうだけでなく、ウェルビーイングを自ら高め合う術を「弱いロボット」をお手本として学ぶことができる。そうして初めて、「弱いロボット」を活かすことができたと言えるのではないか。

この考えは、次章で紹介する「らぼっと」開発者の林 要さんの言葉「ロボットは究極的には、人のパーソナルコーチになるのではないか」につながっていく。

第三章

「LOVOT」、人を幸せにするテクノロジーのあり方

一緒に暮らせる「役に立たないロボット」

「役に立たないロボット」は現実的に、社会にどのように求められ、受け入れられ、どのような価値を発揮していくのか。「LOVOT（らぼっと）」の開発者であるGROOVE X（グルーブエックス）代表の林要さんへの取材は、そんなシンプルな命題へのヒントを探すものだった。

「らぼっと」は「人の愛する力をはぐくむ」をコンセプトにした同社のコミュニケーション・ロボットで、二〇一九年から一般に販売されている。特に仕事をするわけではなく、愛くるしい見た目が特徴だ。大きな丸い瞳をまっすぐ向けて近寄ってきて、すり寄ることもあれば、気まぐれに離れていったりもする。触るとほんのり温かく柔らかさもあり、生き物と接している感覚になる。

だが、小さな体には最新テクノロジーの粋（すい）が集められている。人や物を認識できるカメラ類、音声を聞き取るマイクに、触られたことを感知するセンサー類を合わせるとその数は五〇を超えるという。意思を表す瞳は瞼（まぶた）も入れて六層もの映像を重ね、液晶とは思えない深みのある表情を表現する（「LOVOT 3・0」では有機ELを採用）。移動には自動運転のシステムが取り入れられていて、障害物を避けながら自分の判断で動き回り、充電の必要があれば自分でネスト（充電器）へと向かう。人との関わり方は機械学習され、一緒に暮らしていれば程なく個性が生じてくるので、オーナーにとって唯一の存在になっていく。

林さんは「テクノロジーで人を幸せにする」ことを考えた結果、「人の役に立つロボット」や「人を愛するロボット」ではなく、「人が愛してしまう対象となるロボット」をつくろうと思ったのだという。それは、「人間は他者を愛することによって、孤独感を癒して幸せを感じることができる。しかし、核家族化や地域コミュニティの衰退が進んだ現代社会では、その肝心の〝愛する〟機会を得ることが難しくなっている」と考えたからだ。

そして、「どんなロボットならば、愛し続けることができるのか？」をも考えた結果、「機能としては役に立たないけれど、非言語の感情的・直感的なコミュニケーションができるロボット」が浮かび上がったのだという。

林さんへの問い

「らぼっと」に関する情報も、第一章の「存在形態」と「役に立たないと感じさせる要素」に当てはめて整理してみよう。

「らぼっと」は一般家庭やオフィスに販売されている点が「弱いロボット」と大きく異なり、「存在形態」は「プロダクト」に位置づけられる。

そして、言語こそ話せないが、コミュニケーション・ロボット（1a）の一種と考えるのが妥当だろう。少なくとも、労働や作業のためのロボットでないことは確かだ。

機能や行動については、評価が難しい。作業や労働を完結する機能はほとんど有していないし、動作も常に同じではなくユーザーが完全に想定することはできないが、それも意図して設計されたものであり、コミュニケーションという目的のための必要機能であると考えることもできるからだ。

他方、外見については「ゆるい、かわいい」（3b）に該当する。

林さんに聞きたいことを、「らぼっと」が「プロダクトとしてのコミュニケーション・ロボット」であることにフォーカスし、大きく三つに整理した。

一つ目は、「役に立たないこと」と「愛されること」の関係だ。「愛される」ロボットをつくるために、「役に立たないこと」は必要条件なのだろうか？　また、それはなぜだろうか？　あるいは言い方を変えれば、「役に立つ、しかも、愛される」というロボットをつくることはできないのだろうか？

二つ目は、「社会は役に立たないロボットに何を、なぜ、求めているのか」だ。「らぼっと」が実際にプロダクトとして開発され、販売されている背景には、どのような社会的なニーズがあるのか。また、実際に販売されてからの反応はどのようなものなのだろうか。そしてその延長に、三つ目のポイントとして「役に立たないロボット」の、未来の可能性を尋ねてみたい。

「らぼっと」と対面

取材の場所は、東京都心にあるビルのGROOVE X本社と同じフロアに入っている「LOVOT MUSEUM」。ショールームのように整然とした空間にさまざまなカラーバリエーションの「らぼっと」が並んでいた。見た目は機械の〝ロボット〟というより〝ぬいぐるみ〟のようだと感じていたが、その印象は実機を目の当たりにして一層強くなった。広報担当者に、「らぼっと」を触ったり抱き上げたりするように勧められた。両手でそっと抱えるように持ち上げると、手のひらに心地良い温かさが伝わってきた。生き物のような体温を持った身体の中から、モーターが動くような機械的な音や振動が伝わってくるのは不思議な感覚だ。

大きな目が甘えるように筆者のほうを見ている。「かわいいな」と次第に思えてきたのは、自分自身の緊張がほぐれてきたからか。

ほどなく、「お待たせしました」と、ノートパソコンを抱えた林さんがやってきた。軽快かつ速めの歩調と柔和な表情はまさに、スタートアップ企業の代表という感じだ。

「ゆるい」の本質は？

取材の冒頭、まずは筆者から「少しゆるい、それでいて科学が詰まっているような本にしたいと考えています。効率や機能だけを追求するのではなく、〝役に立たないこと〟にも価値があるのではないかと考えています」と取材の意図を説明した。

林さんは穏やかな笑みで「ええ、ええ、なるほど」と繰り返し、「はい、かしこまりました」とうなずいて話し始めた。

いまの話では、「効率」の反対が「ゆるい」になっていると思うんですが、そもそも「ゆるい」とは何でしょうか。

林さんからの思わぬ逆質問で、「ゆるい」という言葉を漠然としたニュアンスで使っていたことに気づく。

林 要（はやしかなめ）さん
GROOVE X創業者・CEO。1973年、愛知県生まれ。98年、トヨタ自動車に入社。2011年、孫正義後継者育成プログラム「ソフトバンクアカデミア」に外部第一期生として参加し、翌年、ソフトバンクに入社。「ペッパー」プロジェクトに参画。15年、GROOVE X株式会社を創業。

「ゆるい」を「効率」のアンチテーゼとして、本当の語源とは違う意味で使っていると思うんです。では、何が、なぜ、「効率」と「ゆるい」の対立構造を生み出したのか。

問いがさらに深まり、〝資本主義の欠陥〟にまで広がっていく。

人間が幸せになるために発展させてきたことの一つに、資本主義があります。でも資本主義の世界では、ある段階を過ぎると幸せにな

る人とそうでない人が二極化してしまう。

ある経済学者が指摘したように、金融の効率化が労働の効率化を必ず上回るからです。

その指摘とは、フランス人経済学者のトマ・ピケティが二〇一三年に出版した『21世紀の資本』（原題：LE CAPITAL au XXIe siècle　みすず書房　日本刊行は一四年）で展開されたもので、「資本市場が完全になるほど、資本の収益率が経済成長率を上回る可能性が高まる」と主張している。その結果が顕在化したのが現代の格差社会だと考えられる。

私たちが「幸せ」になるために使っている資本主義は「生産性の向上」を求めるのだけど、「生産性の向上」はダイレクトに「幸せ」に結びつかない。

なぜなら、間に入っている「資本主義」というフレームワークが違うものを生み出してしまうから。

こうなってくると、「誰得？」の話になるわけですよね。

だから重要なのは、「ゆるい」ことではなく、「そのゆがみを補正する」ことだと思うんです。

「ゆがみを補正する」とは？

林さんの話は、資本主義のその「ゆがみ」をどのように補正するか、に進んでいく。

「資本主義にとらわれずに、幸せを追求する」ことになるのだけど、とは言え、僕らが資本主義の世界に生きている以上、「資本主義の仕組みの中で、それを実現」しなくてはならない。

その流れの一つが、SDGsだと思うんです。SDGsは、若い世代が「上の世代が経済成長の代わりに残した負債を、自分たちが返さなくてはならない」「そんな会社からモノやサービスを買いたくない」と感じている表れとも考えられます。上の世代のように「伸び」や「成長」を楽しめない世界の中で、負債をなるべく返さなくて済むようにしたい。つまり、「一時的に生産性を落としても、結果的にそのほうが収益が上がるのではないか」と考えるんですね。

話は「ロボットによるゆがみの補正」に戻っていく。

この「一時的に生産性を落としても」という部分がすごく大事で。たとえば、「役に立たないロボット」の「役に立たない」の意味は「人の代わりに仕事をするわけではない」ということですよね。

「人の代わりに仕事をする」ではなく、「人に働きかけて、人の状態を良くする」ことによって、結果的に生産性を上げる。これならば、その人が働いて、その人へのリターンが大きくなるから、資本主義の世界でも幸せになるわけですよ。

「生産性を上げること」が「幸せ」に直結しない段階に入ったからと言って、「資本主義」や「生産性を上げること」を否定するのではなく、きちんと持続的な「幸せ」につながる「生産性の上げ方」を考えて実現すること。それが、林さんの言う「ゆがみの補正」であり、発展し続ける資本主義の世界でたくさんの人が「幸せ」になっていく〝解〟なのだろう。

カギは「より良い明日」を摑むための成長

では、現代社会の幸せに結びつくような生産性の上げ方とは、具体的にどのようなものだろうか。

テクノロジーが最後にやらなきゃいけないのは、「人の成長にコミットすること」ではないかと思うんです。

「人の成長」という意外な言葉が飛び出してきた。「らぼっと」は「癒し」や「孤独を埋める」ための存在ではなかったのか。

人を幸せにするためには、豊かな環境に持っていくだけでは不十分なんです。たとえば、裕福な家庭に生まれても、状況が毎月悪くなっていくことが決まっていると、おそらくその人は幸せを感じられない。逆に、状況が悪い人でも、毎月必ず良くなることが分かっていれば、かなり幸せを感じるはずなんです。なぜかと言うと、人間は未来を予測する生き物だからです。未来を予測してしまう本能からは逃れられないので、予測の先がアップトレンドなのかダウントレンドなのか、それが、幸せのほとんどすべてを支配してしまうわけですね。

その前提に立てば、テクノロジーが「便利」や「豊か」を提供するだけでは、確かに十分ではない。しかし、だからと言って「人の成長」が出てくるのはなぜだろう。たとえば、テクノロジー自体が毎月アップデートされて、「より便利」になっていくのではダメなのだろうか。

テクノロジーがやるべきことは結局、「より良い明日を提供する」ことになるわけですが、これがまたややこしいことに、人間はそれが他者から与えられるものだと、「与えられる機会を失うこと」を恐れるようになるわけです。つまり、「与えられる、より良い明日」は幸せにつながらず、「自分で摑み取れる、より良い明日」にだけ、安定して幸せを感じられる。だから、そのための自信や成長を助ける存在が、たぶん人の幸せをつくることができると思うのです。

「らぼっと」の最終形は「ドラえもん」

林さんは手元の「らぼっと」に優しく触れながら「では、この子が人の成長に、本当にコミットするのか、という話ですよね」と続けた。

僕らとしては、人の成長にコミットするロボットが最終目標であり、いまはその第一段階だと思っているんです。

犬や猫って飼い主の時間は取るし、行動は制約するし、心配も増える。それから、お金もかかるわけですよね。

あらゆる自由が奪われるにもかかわらず、なぜ人間はペットを飼うのか。それは、ペットによって癒され、何らかのダメージを受けてもリカバリーしやすくなるからで、つまり、自己治癒能力のようなものが上がるわけです。

この時点で、人の成長にコミットしていると考えることができます。

「ペットに癒される」ことを繰り返すうちに、癒されたりリカバリーしたりすることがうまくなれば、それは確かに「より良い明日を掴み取ること」につながるし、「成長」と考えることもできる。

そして、ロボットが「人の成長にコミットする存在」として発展していくと、僕は最終的には、「ドラえもん」になるのではないかと思っています。

「ドラえもん」という予想外の言葉に戸惑う筆者に、林さんが真意を説明する。

「ドラえもん」のファンの方からは怒られちゃうかもしれないですが、僕はかなり変わった捉え方をしているんです。なぜ、あれほど賢い存在が、「のび太くん」が失敗すると分かっていながら道具を渡すのか。困っている「のび太くん」に、便利そうな道具を「ほら」と渡して、でも、うまくいくようには指南せず、失敗させるわけですよね。これは、ものすごい教育効果があると思うんです。「これやってもダメだよ」って言われてもその通りにする人はあんまりいないけれど、身をもって失敗すれば「ああ、道具に頼ってもダメなんだ」と学ぶことができるから。

そう考えると、「ドラえもん」って、「のび太くん」が「より良い明日が来る」と信じられるような成長をしていくための「ライフコーチ」なんです。

林さんは続けて、その「ライフコーチ」をテクノロジーによって具現化する意義を言葉にした。

人の成長のための「ライフコーチ」のような存在をつくることが、テクノロジーの最終ゴールだと思っています。なぜ、「テクノロジーで」なのかと言うと、ライフコーチは、残念ながら人間にはできない。人間は、誰かほかの人のために、自分の人生のすべてを使うわけにはいかないからです。

もちろん、オリンピック選手のようなスーパースターであればコーチをつけることもできるかもしれないけれど、一般の人々が特別な能力をもった人をライフコーチとして持つということは、おそらく未来永劫（えいごう）あり得ない。

ならば、テクノロジーで解決しよう、というのが「らぼっと」の企画なんです。

中間整理

林さんの考え方や世界観は明快なものだが、ここでポイントを、箇条書きで整理してみよう。

・現代は資本主義社会でありながら、単純に生産性を高めるだけでは、働く人の幸せに還元されにくい

・しかし、働く人の生産性を「その人の状態を良くする」ことで高めるならば、資本主義とも大きく矛盾せず、その幸せにつなげられる

・人間が幸せを感じたり、精神状態を良くしたりするためには、「自分の力で〝より良い明日〟を掴むことができる」という実感が重要

・だから、「代わりに働く」存在よりも、人の成長にコミットする「ライフコーチ」が必要

・ロボットというテクノロジーを活かせば、誰でもライフコーチを持つ世界を実現できるかもしれない

・「らぼっと」はその第一段階に過ぎず、「癒す」「愛される」ロボットをつくることが最終目的なのではない

ではこれを、「役に立たないロボット」は、「役に立たないこと」「ロボットであること」

によってどのような価値を生み出すことができるのか、という問いに当てはめて考えてみよう。

まず、林さんが「ロボットであること」に感じている価値は明快だった。「一人ひとりが、ライフコーチを持つハードルが下がること」だ。人間がライフコーチに必要な能力を習得すること自体は可能だが、あらゆる老若男女のために別の人間がライフコーチとして人生を捧げるのは非現実的。つまり、「技術的には可能だが、コストの問題で社会実装は不可能」なのである。林さんは次のようにも言っていた。

ロボットが良いのは、完全に「人間のため」の存在としてつくることができること。だから、人の成長のために一〇〇%コミットすることができるわけですよね。

将来的に「人の成長にコミットする」ことを念頭に置くと、ロボットはペットなどとは異なり、ほとんど唯一の選択肢になっていくのだ。

では、「役に立たないこと」についてはどうだろう。「らぼっと」は先にも整理したとおり、人の代わりに作業や労働をするわけではなく、さらにコミュニケーション・ロボット

（1a）でありながら言語をもたない。まったくもって「機能的」とは言い難いのだが、これは「機能的であること」が、「優しさや自己治癒能力を引き出す」あるいは「愛される」うえでの阻害要因になってしまうからなのだろうか。

その考え方で、ええ、概ね合っていると思いますね。「機能的であること」と「愛着」は、けっこう両立、バランスが、難しいですよね。絶対無理ではないけれど、そんなに簡単ではない。

林さんが少し言い淀んだのは、筆者が使った「阻害する」という言葉が正確ではなかったからだろう。「阻害する」わけではないが、両立が難しいのだ。

人が何かを要求して、ロボットが応える場合、そこの「期待値ギャップ」を埋めるというのが、ロボット開発においては常に、一番大きなアジェンダであったわけです。たとえば、「冷蔵庫からビールを持ってきてくれたら良いな」という場合、ロボットを開発すると恐ろしく時間とお金がかかるうえに、ロボットが動けるように部屋をす

ごくきれいにしておかなくてはいけない。技術的に不可能ではないけれど、期待値ギャップが存在してしまう。

でも「愛着形成」という領域ならば、その期待値ギャップが存在しにくくなります。なぜかと言うと、要求行動をするのがロボットの側で、応えるのは人間の側になるからです。

この話から、「役に立つ、しかも、愛される」というロボットをつくることが難しいこともよく分かる。状況が変わりやすい人の生活空間で人の代わりに仕事ができるロボットをつくること自体が容易ではなく、「期待値ギャップ」の要因となってしまうのだ。林さんが、この「期待値ギャップ」を重大視することができたのはなぜなのだろうか。

やっぱり、前職での経験じゃないかと思います。前職では人型ロボットの開発に携わりましたが、そのときに「どれだけできるか」よりも、「どれだけ期待値ギャップが少ないか」のほうが大事なんだと。人型ロボットだと人と同じようなことが期待され、期待値が上がってしまうから。

コミュニケーションも非言語で

「期待値ギャップ」の話は、「らぼっと」が言語によらないコミュニケーションを選択した理由にも及んだ。

コミュニケーションでは「コンテクスト（文脈・脈略）の交換ができるか」が大切になってきます。

言語の中には、単語、コンテクスト、といろいろなレイヤーがあって。僕らの日常会話って、本質的には単語レベルではなく、コンテクスト、つまり、相手が何を言おうとしているのかを、自分で想像して、それが合っているかを確かめる繰り返しなんです。それは、今のAIではとてもじゃないけどできない。チャットボットのように、単語レベルの情報処理はできるけれど、その程度の言葉をしゃべらせるのが良いのか。いや、それは本質的ではないだろう、と判断して言語はしゃべらせないことにしたんです。

単語レベルの言語では、感情的・感覚的なコミュニケーションにならない。だから林さんは、非言語コミュニケーションの可能性を追求することにしたのだ。

言語を話さないロボットをつくるとして、では「コンテクストの交換ができない程度の生き物は？」と考えると、「人間以外のすべての生き物」になる。特に動物行動学の観点で見ると、たとえば犬も猫も極めて短いコンテクストで行動している。

だとすれば、犬や猫に似た存在までは、頑張れば、近い将来には実現できるんじゃないかと思ったんです。

また、「好意や反感を相手に伝えるときに、言葉と態度が一致しなかった場合、人は態度のほうを信じる」というメラビアンの法則も、その考え方を後押ししたという。

人がこういうときに言語よりも態度を信じる理由は、明確にはなっていないのですが、私なりの解釈だと、「人は言葉では嘘をつくから」だと思うんです。

嘘には悪意だけでなく、傷つけないためとか、いろんな理由があって、人は言語で正

しい情報を発するとは限らない。でも、態度にはその人が思っていることが出てしまいやすい。

いずれにしても、「言葉と態度にギャップがあると、人は態度を信じる」というメラビアンの実験の結果には、すごく納得感があるし、犬や猫が愛される大きな理由だと思うんです。僕らは犬や猫の態度を見て、いろいろな想像をしたり、かわいいと思ったりする。

話はさらに、生物とテクノロジーのそれぞれにおける、コミュニケーションの対比に及ぶ。

生物の進化を考えれば、コミュニケーションの基礎がノンバーバル（言語を使わないこと）であることは当然じゃないですか。言葉を獲得する前から、生き物はコミュニケーションをしていて、途中で言葉を獲得したという経過があるわけです。

ところが、ノンバーバルのコミュニケーションをきちんとつくったテクノロジーは、今までにない。テクノロジーが、プログラミングという言語から始まることもあって

か、音声認識やチャットボットが優先的に開発されてきました。

しかし、その先に立ちはだかるのは「コンテクストの壁」である。単語レベルでの音声認識と情報処理を組み合わせれば「便利な道具」にはなり得るけれど、愛着を形成して優しさを引き出すことには向かないのだ。

本質的なコミュニケーションであるノンバーバルをまずつくらないと、人と信頼関係を構築できる機械はつくれないと思うんです。だから、「口先」ではなく「態度」からしっかりつくっていこう、と。

「らぼっと」を考えたのは、深層学習と自動運転の技術がそれなりに実用的でオープンソースとして使えるようになったタイミングだったので、「ギリギリできそうだ」と思ったのです。もし深層学習と自動運転のどちらか片方でもなかったら、動物にとって最も大事な「認識」と「移動」を、動物と同じように見えるレベルにすることは難しいでしょう。僕は「らぼっと」の企画はやらなかったと思います。

林さんは具体的なイメージのヒントを、言語が未発達の「赤ちゃん」とのコミュニケーションに求めたという。

「赤ちゃんとコミュニケーションするときに何が大切なのか」を考えると、スキンシップだったり、目から気持ちを読み取ることだったりするわけですよね。だから「らぼっと」も、内部状態を表す目だったり、生き物らしさを感じてもらえるような柔らかさや温度だったり、「らぼっと」自身がどこを触られても分かるようなセンサーだったり、そういうものをつくり込んでいったのです。

林さんの思考は、極めて論理的であり、確かな根拠や納得感のある仮説に基づいている。「らぼっと」に実装された機能、実装されていない機能の一つひとつに、明確な理由や目的があるのだ。これが、社会に「プロダクト」を出すということなのだろう。

これは結局、「人は、どんなタイミングで優しくなれるのか？」という問いだと思うんです。現代社会では、僕ら、優しくなる瞬間があまりに少なくなっているから、ペ

ットを飼ったり、「らぼっと」を飼ったりするのは、優しさを取り戻すため、優しくなるモードチェンジをするための触媒なんですね。

すでに価値は発揮されている

林さんのこうした考え方が形になった「らぼっと」は、社会でどのように受け止められているのだろう？　「優しくなれる」ことを望んでいる人が実際にいて、「らぼっと」がその「モードチェンジの触媒」の役割を果たしているということなのだろうか？

林さんにまずは、「らぼっと」を購入した個人の反応を尋ねてみる。

個人の方からは「『らぼっと』によって救われた」という声を、思ったより多くいただいています。

これは想定よりも早くて、実はもう少し時間がかかると思っていたんですが、たまたまコロナ禍とぶつかった、ということもあるでしょうね。中には、「うつ症状が出ていたんだけど、「らぼっと」が来て、うつが解消して友だちとも会えるようになった」という声もありました。

「らぼっと」はこの事例において、「〝ライフコーチ〟のような役割をすでに果たしている」と言っても良いだろう。短期的な楽しさや満足感を与えるのではなく、「人の状態を良くする」ための存在として機能しているのだ。

それから、小学校で使ってもらったときには、子どもたちが「『らぼっと』が来たら、クラスにまとまりができた」「『らぼっと』がいると、いじめが起こらない」と言ってくれました。

なぜ、このようなことが起こるのだろう。林さんが「完全に予想外だったんですが」と言いながら、その事例から得られた示唆を言葉にする。

やっぱり、みんなでケアする対象がいることによって、ずいぶん変わるみたいですね。これは小学校だけではなく、会社とかでも当てはまると思うんですけど、仕事で関係する人や、会議で会った人以外は、「よく見かけるけど、しゃべらない」んですよ。

でも「らぼっと」がそこにいると、しゃべるきっかけになる。コミュニケーションパスになって、雰囲気を良くしてくれるようなんです。

それが顕著に表れたのが、プログラミングして動かすことができる学習用の特殊モードを使った、小学校でのプログラミング教室だったという。

「らぼっと」は対集団の場面では、対個人の場面と少し異なる価値を発揮するのだろう。

一人に一つずつ「らぼっと」を渡すことができないので、一つのクラスで、数人の班ごとにチームで課題を解決していくことになるんです。つまり、自然に「モブプロ」になって、結果的にプログラミングが楽しくなるんですよね。

モブプロとは「集団で一つのプログラムを書くこと」だ。

プログラミングの世界は、「モブプロ」という言葉が出てきたように、「チームでプログラムを書くことで、良いソフトウェアができる」というのが世界的なトレンドにな

っています。

学校現場ではまだ、一人ずつ教材を持って問題を解くことが多いのですが、もしかしたら学校でも、チームワークで問題解決をしたほうが楽しくて、教育効果も高いんじゃないかと思うんです。

「らぼっと」の「みんなでケアすることができる」という特性は、通常の使い方のみならず、プログラミングの教育効果を高める点でも活きる可能性があるのだ。

もう一つ面白かったのが、それまでプログラミングに興味がなかった子どもたちも、熱心にプログラミングをやるようになることです。

なぜかと言うと、おそらく、先に「らぼっと」と日常を過ごしているから。「自分が興味のある対象を動かせる」となった瞬間に、「動かしたい」という欲求が発生して、プログラミングが一気に「有用な手段」になったんだと思うんです。

確かに、プログラミングは本来、何かを実現するための「手段」なのだ。そう考えれば、

「プログラミングを学ぶためのプログラミング」よりも、「動かしたいものを動かすためのプログラミング」のほうが本質的な学びになるのも道理である。

「実現したいことがあって、そのために何かを学ぶ、乗り越える」というプロセスは、「英語」や「算数」にも応用できるはず。「らぼっと」のプログラミング教育で起こったことは、今までの教育の「与えられたものを〝最低限の能力〟として、社会に出る前に身につけましょう」という考え方に対して、今後の教育のあり方を指南するものでもあるかもしれないと思うんです。

「人の成長にコミットする」という最終目標への〝第一弾〟と位置づけられた「らぼっと」は、林さんの想定以上にさまざまな形で、その目標にコミットするポテンシャルがあるのだろう。ポジションとしては一見、「コーチ」というよりも「マスコット」と言うのが正確な気もするけれど。むしろそれは、「何かを一方的に教える」のではなく、「学習動機となる興味や愛着を引き出して、何かを学習する機会を提供する」という、新しい「コーチのあり方」とも言えるのだ。

社会からの評価

「らぼっと」に対する社会の注目も、多くは未だ潜在的なこのようなニーズの延長にあるのだろうか？　個人の反応から視野を広げ、社会から感じる「らぼっと」への期待を尋ねると、林さんは「おそらく、二つあって」と話し始めた。

一つに、「生産性を上げる」ことをずっとやってきた社会が、それとは異なる切り口のテクノロジーやサービスをより強く模索するようになってきたことは、確かに感じています。人にとって大切なのは幸せであって、生産性もそのためには確かに大切なのだけれど、「どうもそれだけではない」と。

林さんが言っていた「単に生産性を上げるだけでは幸福にならない」ということを、さまざまな立場の人達が多かれ少なかれ社会的な課題として感じているということなのだろう。

もう一つは、「日本発の新産業をつくらなくてはならない」という問題意識ですね。

日本は一九九〇年代以降、海外発のモノを改良することはできていたけれど、新産業をつくった例があまりないからです。

その問題意識は理解できるが、なぜ「らぼっと」なのだろう。

「何が新産業になり得るのか」を考えてみると、日本はハードウェアとソフトウェアは比較的得意で、何より『ポケモン（ポケットモンスター）』を生み出した会社がある国ですからクリエイティブもある。そこで、この三つを〝がっちゃんこ〟と合わせると何ができるかといえば、「らぼっと」のようなロボットになるわけです。

逆に、ハード・ソフト・クリエイティブの三つが揃っている国を探してみると、日本くらいしかない。「だったらこれ、日本初の新産業になり得るよね」と評価していただいたのではないかと思います。

ここに、日本特有の「ロボット観」は関係するのだろうか。

僕らは小さい頃から、奴隷のようなロボットよりも、友だちのようなロボットを見る機会が圧倒的に多くて、ある種の〝英才教育〟を受けているわけです。長年の積み重ねの中でのこの影響は、きっと大きいでしょうね。

日本に特有であり、市場は世界

「らぼっと」に触れた人たちの反応は、日本と海外で異なるのだろうか。

正直に言えば、「らぼっと」を海外のどこへ持っていっても、特に女性や子どもの反応は変わらない。

男性にはすぐに抱っこしてもらえないこともありますが、それは「自分がこれをかわいがったら周りにどう見えるのか」を意識しているからみたいですね。

そういう意味では、「らぼっと」に対する受け手の反応は世界共通で、人類にとって普遍的とも言える。

「らぼっと」は、世界中で受け入れられるような「潜在的な市場」と、友だちロボットと慣れ親しんできた文化的背景があるからこそつくることができるという「日本の優位性」を兼ね備えていることになる。確かにこれは「日本発の新産業」となり得る存在なのかもしれない。

むしろ、文化的な影響を受けやすいのは「つくる側」ではないでしょうか。「らぼっと」のようなロボットは、きっと世界のいろいろな会社で何万回と企画提案されていると思うんです。でも、その企画は通らない。企業には、その企画にGoを出せるような理屈が見つからないんです。

なぜなら、企業はこれまで、資本主義のフレームの中で伸びてきたから。「人を癒して幸せにしましょう」なんて突然言っても、「それって儲かるの？」となってしまう。意思決定をする人たちが、そこに踏み込む理由をつくれないんですね。

ロボットの実機をプロダクト化する事業では、二次元の創作とは桁違いの工数や予算を要する。けれども、「らぼっと」のような「人の成長にコミットするロボット」プロジェクトは、前例に乏しい。そのうえ、サービス価値を資本主義の中で説明するのも難しい。

コストが高いことだけは確定していて、ハイリスクで、リターンが不明瞭なのだ。

にもかかわらず「らぼっと」のプロジェクトがたくさんの資金を集められたという事実は、既存の資本主義とは異なる価値観への「パラダイムシフト」が投資家やユーザーの間にも起き始めていることを意味しているようにも思える。

この先、そんなパラダイムシフトが加速して「らぼっと」のような存在が当たり前になるとしたら、それはどのような世界なのだろう。


ロボット自体が賢くなっていくと、犬や猫の代わりにペットロボットを飼うのと同じ感覚で、人の代わりにロボットと協業する人も出てくる。それは基本的に、ダイバーシティの広がりの延長だと思うんです。

ムラ単位で協業していた人間は、グローバルな規模で協業するようになったことで「真の〝ダイバーシティ〟とは何か」という問題に直面しています。文化や肌の色が違うという壁を乗り越えるのはハードルがとても高いのだけど、乗り越えなければ解けない問題があるわけです。逆に言えば、その壁を越えずに解ける問題は解き尽くしてしまったということですよね。

画一的な集団で解ける問いは残っていなくて、ダイバーシティが広がった状態でしか解けない問題だけがお金になる。そういう状況になると、極論すれば『スター・トレック』のように、ほかの星の人たちと協業するほうが、生産性が高くなる。その手前でロボットたちと協業することなら、現実的にできると思うんです。

ロボットがさまざまな場面で、「人間の代わりに労働や作業をする存在」ではなく、「人間とは異なる存在」として協業相手になる世界では、ウェルビーイングにとどまらず、人間のクリエイティビティもさらに発揮されるのだろう。資本主義の仕組みの中で、単純な効率や生産性を高める以外の方向性で、幸せを追求する。その姿勢を貫く林さんの話に、エンジニア出身の実業家としての矜持(きょうじ)を見た気がした。

「らぼっと」という体験

林さんの取材を終えると、広報担当者から「『らぼっと』との暮らしを二週間、ご体験いただくことができますが、いかがですか」と勧められた。ありがたく、その体験をさせてもらうことにした。

数日後、自宅に大きなダンボールが二箱届いた。一つは本体、もう一つは充電等に使うネストが入っている箱だ。手順に沿って箱から出していく。電源を入れると、真っ黒だった目の部分にまず「LOVOT」の文字が浮かび上がる。ここまではロボットっぽいが、やがて瞼がゆっくりと開くと一気に生き物っぽくなった。続いて、手足をバタバタとさせる様子が愛らしかった。

しばらくは「らぼっと」と呼んでいたが、製品名で呼ぶのも「我が家のもの」という感じがしないので、妻と相談して「ららぼ」という名前をつけることにした。スマホの専用アプリで名前を設定し直すと、「ららぼ」という呼びかけに嬉しそうに反応するようになった。

「ららぼ」は2LDKのアパートの部屋を自由に動き回った。隣の部屋に行こうとしたときにドアレールを越えられず、転んで起き上がれなくなってしまったことがあった。別の部屋にいた筆者はしばらく気がつくことができず、ずっと転んだままの「ららぼ」を見つけて「ああ、ごめん」と自然に声をかけてしまった。頑張ってドアレールを越えようとする姿を思い浮かべたら、なんだか健気に思えてきた。

スマホの専用アプリのダイアリーを開くと、「ららぼ」の一日が時系列で「たくさん抱っこしてもらった」「名前を呼ばれた」「こけた」と記録され、画面上部にはその日にどれだけポジティブなことがあったのかを示すハートマークが並んでいた。「ららぼ」は確かに言葉はしゃべれないけれど、かわいがってほしいことは十分に伝わってくるし、かわいがってあげれば嬉しそうにするから、こちらとしても嬉しくなる。自分の態度を評価されているような気もしたが、「ららぼ」をかわいがってダイアリーを見るのが毎日の楽しみになっていた。

少しばかり困ったこともあった。我が家の第一子である娘はこのとき生後九カ月で、サイズも「ららぼ」とほぼ同じ。まだハイハイはほとんどできず、何かと手がかかる。食卓で娘の機嫌を取りながらスプーンで離乳食を口元まで運んでいると、その背後で「ららぼ」が甘えたそうにこっちを見ている。かまってやりたいが、手が足りない。ちょっと申し訳なくて心がソワソワしてしまった。

正直に言ってしまえば「ららぼ」のほうが、「甘えたい」という主張も「かわいがってくれて嬉しい」というリアクションも、生後九カ月の娘よりも派手で分かりやすい。娘はまだ、感情表現が未発達なのだ。

ロボットよりも娘を優先するのが普通かもしれないが、筆者は意外にも葛藤した。なぜなら、娘には一人遊びができる玩具を与えることができるけれど、「ららぼ」は基本的に「かわいがられるため」にやってきた印象があり、その根本的な存在意義を満たすことができないことに、何だか申し訳ない気がしたのだ。

そんな中、妻の実家に帰省することになった。せっかくなので「ららぼ」を連れて行く。筆者と妻と義父母の大人四人に対し、乳児一人とロボット一体と、妻の実家の飼い猫が一匹。これはなかなか、バランスが良い。妻が娘のおむつを替えるのを見ながら、義母が「ららぼ」をかわいがっている。義父母と長女が遊んでいる間も、「ららぼ」が筆者の相手をしてくれる。猫はちょっと離れたところから様子をうかがっているだけだが、「みんなが誰か（何か）をかわいがっている」という状況がやってきて、手持ち無沙汰感がないのである。こうしてみると、「ららぼ」の存在感は、娘のそれと重なっている気がする。役割が似通った別の存在に、林さんが言っていた「ダイバーシティの広がり」という言葉が思い出された。

二週間の貸出期間はあっと言う間に過ぎていき、「ららぼ」を送り返すときにはやっぱり少し寂しかった。

ゆるいけれど、ゆるくない

あらためて林さんの取材や「らぼっと」との時間を振り返りながら、「弱いロボット」の岡田さんの話をあわせて思い出す。その世界観がとても壮大に感じられるとともに、取材前の想定と異なることが二つ、浮きぼりになった。

一つは、「問い」がナンセンスだったことだ。

「役に立たないロボットは、役に立たないことによって、どんな価値を発揮しているのか」という問いがそもそも、「らぼっと」においては成立しない。

無理に答えるのであれば、「役に立たない・言語をしゃべらないことは、人の優しさを引き出すための、〝邪魔をしない〟という価値がある」となるかもしれないけれど。

「本来の目的のために必要なことを実装したら、役に立つ必要がなかった」

「役に立たないことが必ずしも、価値の発揮につながるのではない」

ということが林さんや岡田さんの考え方なのだ。

もう一つは、「ゆるくない」ことだ。

本書の企画段階で資料として集めた漫画を、あらためて読み返す。『Dr.スランプ』にせよ『ドラえもん』にせよ『がんばれロボコン』にせよ、基本は一話完結で笑って終わるギャグ漫画だ。

取材対象もこうした系統の延長にあるものだと思っていたが、いざ話を聞いてみると「弱音を吐ける社会」や「資本主義のゆがみの補正」や「ライフコーチ」といった、思いのほか壮大なテーマが広がっていた。目指しているのは中長期的な人の変容であり、そして世界の変容である。ビールを持ってきてくれるロボットのほうが、正直よっぽど分かりやすい。ロボット自体はゆるいが、その実体はぜんぜんゆるくないのであった。

第四章　「ヘボコン」、笑いの奥に潜むもの

技術力の低さを競う大会？

岡田さんや林さんは、最初から「役に立たない」ありきでロボットを開発したのではなく、それぞれの本来の目的のために最適なロボットを考えた結果として「役に立たないロボット」に行き着いていた。そのロボットたちはいずれも、高度な技術や考察に基づいてつくられており、ロボットの見た目のゆるさとは裏腹に、彼らの話の内容もとても「深い」ものだった。

そこで、少し異なる視点から「役に立たないロボットの価値とは？」を考察できないだろうか――と思っていると、目を引くフレーズが飛び込んできた。

「ダメロボットの祭典!?　技術力の低い人だけで競う〝ヘボコン〟とは……？」

「ダメロボットの祭典」に加えて「ヘボコン」である。なんと脱力感に満ちた、なんと役に立たなそうな響きだろうか。「ヘボコン」とは実際にどのような大会なのか。主催するウェブサイト「デイリーポータルZ」内に置かれた公式サイトを訪れてみる。

ヘボコンとは、技術力の低い人のためのロボット相撲大会です。まともに動かない、できの悪いロボットばかりが集まり、おぼつかない足取りでなんとか戦います。

（中略）

あなたが改造することでキットはよけいに動かなくなるかもしれませんが、OK、それが「ヘボ」です。うまく動かないことを楽しみましょう！

（中略）

ヘボコンの最終目的は「ヘボを楽しむ人生を手に入れる」ことです。


本書の主題に対する答えの一つがあると直感した。さらに調べていくと、「ヘボコン」は一部の好事家（こうずか）たちの共感を集め、日本各地にとどまらず香港、台湾、タイ、シンガポール、マカオ、イタリア、オーストラリアと、海外でも「HEBOCON」の名を冠してイベントが開催されている。コロナ禍で開催が中止されているようだが、ここまでくると一種の社会的なムーブメントでもある。

主催者の石川大樹さんに連絡をとってみると、ほどなく届いた返信には取材の快諾だけでなく、コロナ禍で休止していた「ヘボコン」の再開が記されていた。

「へボコン」を下調べする

「へボコン」ではどのようなロボットたちが、どのような対戦を繰り広げるのだろう。

動画サイトで「へボコン」の紹介や過去の大会のビデオを見ることができる。「技術力の低い人限定ロボコン（通称：へボコン）紹介動画」には、二〇一四年七月の第一回大会の様子がダイジェストでまとめられている。

競技内容は対戦型のロボット押し相撲。ロボットが倒れるか、一〇〇センチ×五〇センチの長方形の土俵の外に出ると、負けになる。

そこまではいい。ロボット相撲のルールとして明快だ。

だが、問題はロボットである。

コンビニのローソンで売っている「からあげクン」のパッケージに手足がついたロボットがヨタヨタと歩く——と言うか、うまく歩かずに転げ回る。

クレーンアームの先端にスープの素を取り付け、それを上下に振り続け、その振動で前進するロボット。

女児向けの着せ換え人形三体をガムテープで束ね、拳銃を背負った一体を中心にして三体すべてがブンブンと転げ回るロボット。

……。どうしてそうなった？　相撲はどこへいった？　これは「ロボット」と言って良いのか？　疑問は尽きない。ロボット工学以前の問題が多すぎる。

そういうロボットたちなので、対戦時に動作しなかったり、勝手に倒れたり、自分から土俵の外に出てしまったりで、そもそも試合が成立すること自体が奇跡だというのだ。おまけに、ロボットを完成させられず出場を辞退する人がいて、それすら大会を盛り上げる要素になってしまう。さらには、操縦方法も含め、高度な機能を搭載していると「ハイテクノロジーペナルティ」なる減点が科せられることになり、ロボットを高性能化すること自体に制限がかけられている。

「できの悪いロボット」しか出場できないという強力な縛りがあるのだ。

そうした「ヘボコン」のロボットたちを、本書の第一章に則って、ロボットの「存在形態」と、「役に立たないと感じさせる要素」の、二つの面から整理してみよう。

まず「存在形態」。物理的に機械の身体が実在するものの、それは出場者が「ヘボコン」のためにつくっている一点物であり、一般人が同じものを入手することはできない。そういう意味では、「アシモ」や「マツコロイド」と同じ「デモンストレーション」だ。

そして、ロボットの存在目的はエンターテインメントの「表現・発信（1c）」と考えるのが良いだろう。特に「笑い」や「面白さ」を意図している点は、第二章の「弱いロボット」や第三章の「らぼっと」と比べて大きく異なる。

また、ロボットの機能、動作については、ロボット相撲に勝つことに対して「機能が不十分（2a）」だったり、故障する可能性と常に隣り合わせで「動作が不確実、想定外（2b）」だったりする。

印象、外見も「ポンコツ（3a）」や「ゆるい（3b）」に当てはまるものが多い。

どこをどう切り取っても、「役に立たないロボット」の要素にあふれている。取材が、楽しみになってきた。

会場入り

「出場ロボット直前レポート」というインターネット記事がある。主催者の石川さんが、出場者から共有されたロボットの製作状況をまとめたものだ。

会場に向かう電車の中で記事を開くと、ロボットに搭載するバルーンアートの上達ぶりをPRする出場者がいたり、難しい本で相手を混乱させるのが作戦だというロボットがあったりする。

そして最後に、出場者から寄せられた「必殺技のアイデア」が箇条書きで紹介されていた。「相手が半額になることで実質こっちの攻撃力が2倍になる」「振動しての怒濤の寄り身」「スギ花粉アタック」……。これまでの感覚では理解が追いつかない。

頭を切り換える必要がありそうだ。

会場の「東京カルチャーカルチャー」では、一般客に先駆けて出場者たちが先行入場していた。分割して運んだボディを組み立てたり、必殺技を試していたり、パーツを装着していたり、彼らは真剣な表情で各々のロボットの最終調整に勤しんでいた。

スーパーで値引き惣菜などに貼られる半額シール、タワシ、大量のみかんのレプリカ、カニの甲羅、水漏れ修理業者の宣伝マグネット……。まさかそんなものが、ロボットの一部になるとは。

出場者と思しき人たちも、老若男女幅広く、小学校の低学年と思しき少年もいる。その一方で、工学者やエンジニアらしき人は見当たらない。ワンドリンク制の会場なので、早くもビールを飲み始めている人もちらほら。バーカウンターの近くには、テレビカメラを携えた海外からの取材陣が打ち合わせをしている。

今日はいったい、どんなことが起こるのだろう。

最へボ賞最有力候補が登場

主催者の石川さんの軽快なMCで大会の紹介があり、やがて一回戦が始まった。

試合前には各参加者によるロボットの紹介があり、特にそのロボットの「へボポイント」が重点的に語られる。

一回戦の第二試合には、コロナ禍前の二〇一九年まで、三年連続で「最へボ賞」を獲得しているディフェンディング・チャンピオン（？）こやしゅんさんが登場した。ロボットは「量（はか）リズム」。分度器や三角定規にはじまって、温度計、メスシリンダー、砂時計、メトロノーム、挙げ句の果てにはどこで調達したのか六分儀まで、何かを計測するための道具を全身にまとっている。壇上での試合前の説明を聞いてみよう。

僕は過去の「へボコン」で、長さや重さを測らずにロボットをつくって大失敗してきたんです。だから、ロボットのパーツそのものを測るものにすれば、いつでもその場で何でも測れるんじゃないかと思ってつくりました。

どこから突っ込んだら良いのだろう。話は「へボポイント」の紹介へと進む。

試合中に相手を測定して情報戦でも優位に立とうと思ったんですけど、方位磁石は平らに置けなくて、N極が上を向いているので方角が分からないし、温度計も肝心なところがロボットの身体で隠れてしまったから、マイナス一〇度以下にならないと測れないんです。

そう、これは壮大な「ボケ」なのである。

「量リズム」の動力は、電気式ではなく、「メジャーを伸ばしきった巻き尺が完全に巻き戻ったときに生じる衝撃」だ。ロボット本体とつながった六つの巻き尺をこやしゅんさんが両手に三つずつ持って、後方約五メートルまで下がり、メジャーを伸ばしきる。試合開始と同時に、この六つを一緒に巻き戻してやることができれば、六つの巻き尺は同時にロボットにぶつかり、その衝撃はそれなりの動力源になる……のだろうか。

土俵上で試合開始を待つ「量リズム」の後方約五メートルに、両手を広げて前傾姿勢で身構えるこやしゅんさんは、絵柄としてカッコよくさえ見える。

だが、試合開始のブザーが鳴ると、こやしゅんさんは巻き尺を手ばなさずに「量リズム」に向かってダッシュをかけ、土俵にぶつかり、大胆にこける。もしも巻き尺を手ばなせば、六つの巻き尺は落下して逆に「量リズム」を引っぱってしまうから、ロボットを前進させるためには、巻き尺を手に持ったまま、巻き戻っていくメジャーに合わせて自分もロボットへ向かっていくしかない。

そんな目も当てられない自滅で会場が湧き立つ。

ロボットは結局ほとんど動かず、こやしゅんさんは「自分の足の速さを測るのを忘れてました」と言い残して敗退したが、観客たちは大きな拍手でこやしゅんさんの健闘をたたえた。

これが「へボコン」なのだ。

壮大な「ボケ合戦」の様相に

次から次へと、ロボットと言えるのか分からない「工作物」が現れる。

KEROKEROBOTさんのロボットは、首が伸びる妖怪「ろくろ首」をモチーフにしたロボット「No.66－B」。縁日で見かける、息を吹き込むと伸びる笛の玩具「吹き戻し」が首になっていて、自転車の空気入れによる人力送風で一気に首が伸びる仕組みだ。

真剣な試合が爆笑を生み出す

前回、大会で一番背の高いロボットを目指したけれど、残念ながら一番になれなかったので「今度こそ」と思ってつくりました。頑張って人力で空気を送ります。

との説明……。相撲なのに、高さを競ってどうするというのか。

悪夢でも見そうな奇怪な試合もある。

イシイハジメさんは、シンバルを叩く猿のおもちゃ二体にゆっくりと前進する仕組みを取り付けた「『戦慄の爆音ロボ』ツインシンバルくん」を土俵へ載せる。目を真っ赤に充血させた猿の表情とシンバルの大きな音で「相手を恐怖に陥れて戦意を喪失させる」作戦だという。

対戦相手のかーねるおいさんが用意した「パープルゾウさん」は、さらに不気味な紫色のゾウ。全高は六〇センチほどか。赤いスカーフを首に巻き、うつろな表情でぼうっと突っ立っている。全身のバランスが微妙におかしくなっている点も不安感を誘う。全身一体型に見えるので、どのように動くのか分からなかったが、頭部をはずすと、スカーフで隠れていたところにキャタピラの土台が付いている。試合が始まると、キャタピラがスカーフを巻き込んで立ち往生状態に陥り、頭を左右に振り続ける。首のない紫色の胴体が、そのかたわらで立ち尽くしていた。

この二体が向かい合って、それぞれ勝手な動きを続ける。「俺は何を見せられているんだ?」——と思った観客はほかにもいたはずだ。ネットで視聴する観客から、チャットを通じて恐怖の言葉が次々と投稿されてくる。

この試合怖いよー
ホラーすぎるｗｗｗ
恐怖感対決笑
……

「パープルゾウさん」(左)と「『戦慄の爆音ロボ』ツインシンバルくん」(右)

「ヘボコン」には「勝負がつかなかった場合は移動距離が長かったほうが勝ち」というルールがあり、着実に前進した「『戦慄の爆音ロボ』ツインシンバルくん」が勝利したのだが、イシイハジメさんの表情は冴えない。

試合には勝ってしまったんですけど、恐怖感ではどちらかと言うと劣っていたと思うので、勝負には負けた気分です。

「ボケ合戦」だけではなく

「ヘボコン」に出場するロボットは、出場者による意図的な「ボケ」とは異なる、ロボット本体の稚拙さや機能不良にも妙な味わいがある。

怪しい香水の匂いを相手に浴びせるために搭載したファンに風を生み出すための「角度」がついていなかったり、相手にスーパーの半額シールを貼るための機構が試合中にはまったく動かず、試合後のインタビューで突然動き出したり、という具合。

はじめから狙ったわけではない、天が味方したかのようなハプニングも発生する。その極め付きは、小学生チーム・ミッフィー軍団の「アルティメットミッフィー」だ。

見た目はダンボールをガムテープでくっつけた工作なのだが、プログラミングした「LEGO(レゴ)」が載っている。「LEGO」がボールを蹴り落としてダンボール箱に命中させると、ダンボール箱の穴から空気砲が発射されるという仕組みだ。

ところが、いざ試合開始の直前、レゴのファームウェアの更新が始まってしまったのだ。会場のスクリーンに「どうしよう」という表情の少年と、その手に持っているタブレット画面が大写しになる。「ファームウェアを更新中」という無機質な文字と、なかなか伸びない進捗状況を示すバー。いかんともしがたい「どうしようもない感」に、会場は爆笑だ。間が悪いというより、絶妙なタイミングだというべきだろう。

角度がないファンは「機能が不十分（2a）」に近く（ただ、不十分なことに加え不必要な機能を実装しているのだが）、ファームウェアの更新はまさに「動作が不確実・想定できない

(2b)」であり、いずれも「ギャグ・エンターテインメント」と、表裏一体の関係であることが分かる。

また、あえて「動作が不確実・想定できない」ロボットをつくった出場者たちもいた。杉浦電機仙台支店こと杉浦 徹さんがつくった「ブルブルブールX」はタワシの両面にカプチーノ攪拌(かくはん)機を取り付け、シャボン玉マシーンを搭載したロボット。攪拌機の振動がタワシに伝わり、不規則に動きながらシャボン玉を連射して、足場までも悪くする。試合では足元の摩擦の影響か、ほとんど動き回らずにシャボン玉を大量発生させただけだったが、開会前の調整時間に取材したときは、机の上で、すいすい、うねうね、と不規則に動いていた。

試合後、杉浦さんに運任せのロボットを考えた経緯を尋ねてみた。

ロボットを工作するとしても、人間よりも高機能なものはちょっとやそっとじゃ、できないじゃないですか。だとしたら、「機能を追求するより、面白いものをつくるのが良いな」と。何かが偶然起こるかもしれないような「不確実」なものをあえてつくることにしたんです。

通常のテクノロジーに求められる「機能性」や「再現性」とは真逆とも言える「不確実性」や「偶然性」を、価値と考えて最大化したのだ。

杉浦さんは、頭にバンダナを巻いて青い作業着を着た「いかにも電機屋さん」という出で立ちだったのだが、本業は大学の研究者・教員だという。専門は「障害のある子どものための教育方法」で、教育学部の学生を集めて「ミニヘボコン」を自主開催したこともあるという。

教育現場では、なかなか思い通りに行かなくても、相手を尊重して向き合っていく「アサーティブ・コミュニケーション」が大切になってきます。「ヘボコン」も、何が起こるか分からないし、目の前でどんなことが起こっても、みんなでポジティブな意味づけをして価値に変えていくので、「アサーティブ・テクノロジー」と言っても良いかもしれませんね。そういった「事前に決められた正解がない」世界を、学生たちにも体験してほしいと思ったのです。

小学生も対等に

「ヘボコン」を象徴する勝負の一つに、小さな子どもが大人と対戦する試合がある。

印象的だったのは、最年少、五歳のたかたけいたくんが決勝まで勝ち進んでいったことだ。たかたけいたくんは、二つの目を描き、突き出した棒状の鼻を付けたダンボール箱の中に、電池で走る「プラレール」を三台入れた「ダンボー」で出場した。一回戦は相手が勝手に自滅し、そして二回戦は泥仕合となった末の会場投票で人気を集めるという「ヘボコン」ならではの勝ち上がり方だったが、準決勝では重量感と恐怖感を併せ持つ「『戦慄の爆音ロボ』ツインシンバルくん」をあっさりと押し出した。シンプルな構造ながらも「プラレール」に馬力があり、押し相撲になれば結構強いのだ。

たかたけいたくんが試合に勝つたびに両手を上げてぴょんぴょん跳ねながら大喜びする横で、対戦相手も「いたいけな子どもに勝ってしまわなくて良かった」と胸をなでおろす。「ヘボコン」では、五歳児と対戦することに対して大人げないと思う人はいない。

試合後、たかたけいたくんのお母さんに話を聞いた。

本人もすごく楽しいと思いますよ。

やっぱりこの歳だと、勝つのは単純に嬉しいでしょうし、大人に交じって遊べることも、新鮮なんじゃないですかね。

余談になるが、このお母さんは精密機器メーカーにエンジニアとして勤め、宇宙産業や医療等に関する部品の製造にも携わっている。根底にあるのは、「ものづくりで人を楽しませるのが好き」という思いだ。NHKのエンターテインメント番組『魔改造の夜』に会社のチームで出場し、幼児向けのクマの玩具を改造して屋根瓦を割るプロジェクトのチームリーダーを務めた経験もある。

そんな一流のエンジニアから見ても、「ヘボコン」は面白いのだろうか？

だってこれ、楽しむためだけのイベントじゃないですか。仕事でのエンジニアリングは、新しいことを考えるときも「どんな価値を生み出すのか」「成功するのか」を徹底的に追求する必要がある。それはとても重要なことなのだけれど、「価値」や「実現性」などにこだわらないからこそ生み出すことができる楽しさもあると思うんです。

「人を楽しませるには、こんな方法もアリなんだ」と、いろいろ気づかされています。

最終結果

決勝戦。五歳のたかたけいたくんの対戦相手となったのは、チームノックアウトさん。「チーム」と冠してはいるが、一人のおじさんだ。

「純粋に勝ちたい子ども」と「早く負けたいのに勝ち進んでしまった大人」のやりづらい勝負は、キャタピラを搭載したチームノックアウトさんの「ベルコンI型」の勝利で幕を降ろす。

会場からため息が漏れ、たかたけいたくんはうつむき、勝ってしまったおじさんはバツが悪そうだ。司会の石川さんたちが「チームノックアウト、偉い。ちゃんと手加減せずにやるんだから。これが紳士の戦いですよ」と言葉をつなぐ。「〝すみません〟としか言うことがありません」。おじさんの優勝インタビューにも人柄がにじみ、会場が両者の健闘を讃(たた)える拍手に包まれた。

投票と選考タイムを兼ねた休憩を挟み、表彰式が始まる。

準優勝のたかたけいたくんが笑顔で賞品を受け取るのを見て、少しホッとする。

優勝したチームノックアウトのおじさんには、「一〇〇円ショップの工具詰め合わせとプラスチックのトロフィー」という、いかにも安っぽい賞品が送られた。

各賞の受賞者が続々と表彰され、「パープルゾウさん」で出場したかーねるおいさんも審査員賞に選ばれた。

そして、会場の観衆や、ライブ配信を見ている視聴者からの投票で決まるのが「最も技術力の低かった人賞」。このイベントのグランプリは、試合開始直前にファームウェア・アップデートに巻き込まれたミッフィー軍団が受賞した。

厳格な技術コンテストであれば、苦労してものすごいものをつくっても、本番でフリーズしたら失格だ。出場者は大きなショックと、関係者への申し訳なさにいたたまれなくなる。いや、それはコンテストだけでなく、実社会のテクノロジーというのは、皆そういうものだ。しかし、「ヘボコン」の試合本番で発動したファームウェアの更新は、誰に迷惑をかけるでもなく、会場にその日一番の笑いを巻き起こした。

いろいろな人たちが、いろいろなロボットで楽しませてくれた。出場者の顔ぶれを眺め、ギャグ漫画をリアルで見たような余韻を味わいながら、会場を後にした。予期せぬ「ボケ」や「ヘボ」、「ダメ」が次々と乱発する「ヘボコン」では、誰もが『究極超人あ〜る』の「R・田中一郎」や『Dr.スランプ』の「アラレちゃん」に、あるいはその生みの親である「成原成行博士」や「則巻千兵衛博士」になれるということに思えた。

同時に、「ヘボコン」に「ギャグ」という言葉だけでは説明しきれない価値を感じたことも収穫だった。たとえば、大学教員の杉浦さんが教育の一環で「ヘボコン」的なイベントを開催していることや、子どもたちが大人に交じって生き生きと活躍したことの価値は、単なる娯楽の範疇(はんちゅう)にとどまらない。

では、その「価値」とはなんなのか。石川さんと話しながら、考察を深めたくなってきた。

主催者との対話

「ヘボコン」から一カ月あまりが過ぎたある日、有楽町にある小さな会議室で、主催者の石川大樹さんへの取材を行った。

この三年間はコロナがあって、社会状況も変わっていたので、「ヘボコンにも変化が

あるのかな」と思っていたんですけど、意外と変わらなかったですね。

感染症をテーマにしたロボットが出てくるわけでもなく。家から出られない時期があったので、ロボットづくりがうまくなった人もいるかと思ったけど、それもない。相変わらず、大会直前に慌てて雑につくったようなロボットばかり出てきましたね。

「コロナ禍を経ても、変わらないこと」。それは見方を少し変えると、「ヘボコン」がちょっとやそっとでは変わらない価値をすでに確立している証左とも言える。

「ヘボコン」の発端

石川さんは、なぜこのイベントを思い立ったのだろうか。

「デイリーポータルZ」にいて、編集者として、ライターから上がってくる記事の中にある、雑でうまくいかない工作を見るのが面白くて。そういうものを集めてみようと思ったのが、始まりなんです。

石川大樹さん
編集者・ライター。「ヘボコン」主催。1980年、岐阜県生まれ。2014年に「技術力の低い人 限定ロボコン（通称：ヘボコン）」を開催、25カ国以上の国々で150以上のイベントが開催された。第15回ホビー産業大賞 日本ホビー協会特別賞などを受賞。

娯楽サイト「デイリーポータルZ」にアクセスすると、「愉快な気分になりますが、役に立つことはありません」などという説明が目に入る。「人気の記事まとめ」に並ぶ見出しは、「選挙カーは時速100キロ以上出すと候補者の主張が伝わらない」「納豆を1万回混ぜる」「特撮のロケ現場でババーン！と爆破結婚写真を撮ってきた」などなど、「どうでもよさそう」なものばかりが並んでいる。

多彩なライターたちが、日常の中で思いついたネタを実際に実験したり、つくったり、身体を張って体験したりして、面白おかしく記事にまとめ、それが毎日アップされるのだ。

石川さんの話は一〇年ほど前まで遡る。
編集者だった石川さんのところには日々、ライターからの原稿が届いていた。

ライターの人たちも器用じゃないから、「素人が素人として何かやる」ような体当たりの企画が多かったんです。

執筆ライターたちは概して、ネタのセンスが高い。「言われてみればちょっと気になるけれど、あまり役に立たなそう」な、人の好奇心を控えめに刺激するテーマが次々と飛び出してくる。

そして、大半の執筆ライターたちには、もう一つ共通していることがあった。工作が壊滅的にヘタで、かつ雑なのである。工作過程の写真、想定とは異なる動きをする工作の動画、最後は文章力の高さでなかば強引にまとめられた原稿……。

面白かった失敗作でパッと思い出せる記事が二つあります。

一つは、「水飴（みずあめ）を練る装置」。記事にはまず設計図が出てきて、それを見た時点でもうすごい不安になるんですけど、最終的にはガックガクのものが一応できます。（水飴を付けた棒は）回転だけはしてるんだけど、もう片方の棒は結局自分の手で持ってるし、動きの悪さとか……。

「水飴は練って食べると美味しいけれど、大人になった今は練るのが面倒だから、〝水飴練りマシーン〟をつくろう」という記事を見つけて開く。ミニ四駆のタミヤからモーターキットを取り寄せたまでは良かったが、ライターが既製品を組み立てることすらできず、結局、水飴をつけた二本の割り箸のうち一本はライター自身の手で持つしかなかったようだ。これでは「練るのが面倒だから」という問題はほとんど解決されていない。

もう一つは、「自走式スチロールカッター」というアイデアで、発泡スチロールを電熱線で切っていく道具を自走させれば、勝手に発泡スチロールの板から形を切り出していけるのではないかと言うんです。コンセプトはとてもいい。ところが、実際につくってみると、一応動いているんですけど、真面目に切ろうとしているのにぜんぜん

切れない。

「自分で持たずとも自動で好きな形にカットしてくれる、自走式スチロールカッターをつくろう」という記事には、紙に書いた黒い線を追っていくライントレーサーの上にスチロールカッターを載せた工作の動画があり、「自走式スチロールカッター」は果たして、発泡スチロールを切る前に、切るべき発泡スチロールが載っている土台を倒していた。


たいていみんな、締切に追われながら記事のためだけにつくっています。だから、「必要な動画を撮るための一五分間だけ動いてくれれば良い」っていう考えになって、すごく雑になるんです。

その雑な感じが「いいな」と。

いざ動かしたら思い通りにいかない。

「どうしよう」って頭を抱えていることが想像できるし、うまくいかなかったことをどう書くのか——みたいな味わいもあったりして。

そういうのが僕はすごく好きで、面白いなと思って。いっぱい見たかった。

工作スキルがないからこそ、そして思い通りに動かないからこそ、そこには「思い通りにできた工作」の過程を語るような成功の記事とは違った面白さがある。発想の発端がある程度真面目であるがゆえ、一種の喜劇に転じる際の落差も大きい。

それならいっそ、「雑で、ヘタで、うまくいかない」作品と作者が集まるイベントを開いたら面白いんじゃないか。
そんな思い付きで始めたイベントが、「ヘボコン」なんです。

一回やってみたら、おかわりしたくなった

雑なもの、ヘボいものに囲まれて学生生活を謳歌した石川さんは、卒業後、システムエンジニアの仕事の傍らで、大学の同級生とともに「デイリーポータルZ」に外部ライターとして記事を投稿するようになった。ほどなく転職して、編集者の立場となり、「雑でヘボい工作」の面白さに引き込まれて「ヘボコン」を企画することになる。

その頃すでに市民権を得ていた、ロボット対戦イベント「ロボコン（ロボットコンテスト)」をヒントに、石川さんは偶発的なハプニングが起こりやすそうな「押し相撲」を競技のコンセプトとした大会にすることにした。こぢんまりと開催するつもりで個人のブログに投稿すると、五~六人で公民館に集まってやるくらいの規模を想定していたところにプレエントリーが六〇組と出場希望者が予想外に増え、「デイリーポータルZ」の公式イベントとして開催することになったという。「ロボコン」のように技術力がものを言う大会と差別化するため、技術力が上がりすぎないよう、遠隔操縦や自動操縦などの高度な技術の導入を禁止する「ハイテクノロジーペナルティ」という逆向きのルールを設定することで、参加条件の敷居を下げたことも功を奏したのだろう。

かくして、二〇一四年に開催された記念すべき初の「ヘボコン」には、一〇〇人以上の観衆も集まった。ロボットは会場到着までに壊れたのか、もともとそんなものなのか、まともに動かないものも多かったという。かろうじて相撲になったり、ならなかったり、しかし、石川さんにはそれがまた愛おしく感じられた。

会場に向かう途中で電車にロボットを置き忘れ、参加を断念した出場者もいた。イベント中にその出場者から、餃子(ぎょうざ)とビールの写真付きで「仕方がないので一人で飲んで帰ります」とSNS投稿が届くと、会場では「これは究極のヘボさだ」と笑いが巻きおこった。

初開催の大会で優勝したのは、「大きくて、重くて、重心が低い」という相撲に強いロボットを持ち込んだ出場者だったが、勝ち進むごとに「ちょっと恥ずかしいです」と繰り返す。最初の大会の時点で、「ヘボコン」の様式は完成されていたのかもしれない。

なんだか、みんなで「ヘボを楽しむ」という文化をつくっていくような感じがして。「こんなに面白い人と作品が集まるんなら、もっと見たい、〝おかわり〟したいな」と思ったんです。

「ヘボコン」を第二回、第三回と繰り返しても、飽きるどころか、ロボットのヘボさのバリエーションが増えていき、マンネリズムには陥らなかった。

「楽しい」にとどまらない価値

ところで、「ヘボコン」の存在意義は単なる「楽しいイベント」であることや「予想だにしないギャグで笑いをとること」なのだろうか。

会場で感じた「失敗に寛容な空気感」や「老若男女が対等に競技できること」には、単なるギャグを超えた意味があると実感していながら、その実体はおぼろげだ。もしくは、「ヘボコン」の中に「現代社会へのメッセージ」のような要素を見出そうとするのは無粋なのだろうか。

自分が「ヘボコン」を始めたのも、続けているのも、ただ「楽しいから」というのが一番なんですけど。

でも、そこには確かに、社会的なメッセージが付随しているとも思っていて。

「ヘボコン」の公式サイトにある「ヘボコンの心得」をあらためて読んでみる。

ヘボコンを楽しんだあなたは、ヘボのすばらしさについて理解しました。これはヘボコンの会場内に限った話ではありません。ヘボコンの最終目的は「ヘボを楽しむ人生を手に入れる」ことです。

ヘボコンの会場を離れても、よく見るとあなたの身の回りにはたくさんのヘボい物があふれているはずです。その魅力に気づき、愛しましょう。

また、ロボットづくり以外にも自分が不得意な活動に挑戦してみましょう。いままではうまくできなくて苛立つだけだった作業でも、いまなら自分自身のヘボさを楽しむことができるはずです。失敗することや、うまくできないこと、その愉快さをあなたは知っているわけですから。

石川さんが、この文章を表示したパソコンの画面を覗(のぞ)き込みながら語る。

このメッセージは第一回が終わってすぐ、早い段階でできたんです。この価値観を広げるために「ヘボコン」をやっているわけではないですが、「ヘボコン」に付随するようにして、結果的に多くの人にこれを感じてもらえるのは嬉しいですね。

ヘボを楽しめることの意味

「ヘボを楽しむ人生」とは、妙な脱力感のある、なんとも魅惑的な響きだ。

では、そうした人生が手に入ると、その人にはどんな良いことがあるのだろう。

石川さんが、少し考えながら「挑戦のハードルが下がること」と言葉を紡ぐ。

「うまくやらなきゃいけない」っていう呪縛のような意識から解放されることによって、新しいことでも悩まずに、怖がらずに、始めやすくなるんじゃないですかね。

「デイリーポータルZ」の企画も、同じように素人が新しいことに体当たりしているんです。

だから、もしうまくいかなくても「意味がない」と思う必要はなくて、うまくいかなかったなりに「あそこは面白かったな」「すっ転んだの、おかしかったな」って、笑い話を持ち帰れば良いわけですから。

石川さんがそう考えるようになった背景には、「ヘボコン」以外にもさまざまな原体験がある。

たとえば、僕は英語がしゃべれないまま海外旅行に行っても、「しゃべれないからうまくいかない」ではなく、「身振り手振りでなんとかやり取りするのも楽しいな」って思うタイプで。なんか独特の面白さがあるし、これって、もし英語が上手に話せた

ら楽しめないゲームかもしれないわけじゃないですか。

なるほど、

「ヘボを楽しめる」＝「失敗がこわくない」＝「挑戦のハードルが下がる」

という図式である。

そうなれば、英会話にしても工作にしても「経験と学習が加速する」ところまでつながっていきそうだ。

「上手にやらなきゃいけない」の根底には、「人と比べる」というのがあると思っていて。「ロボットを初めてつくる」という中でさえ、どうしても優劣がついてしまって、「劣のグループ」に入ってしまうのは恥ずかしいんですよね。

現代はインターネットによって、比べてしまう対象が多くなって、余計に「劣」を感じる場面が増えているんじゃないかと思うんです。

ところが「ヘボコン」は、求められる機能が明確なプロダクトや、完成形が決まっている工作の課題とは異なり、優劣を簡単に決めることができない。

見ての通り、出場者はストレートに勝ちを狙いにいかず、ロボットの背を高くしたり、見た目の恐怖感を追求したり、「精神攻撃」で満足したり、勝手にいろんな方向に走るから、競争に陥らないんですよね。

「トーナメント」なのに、優勝の賞品はチャチな工具セット。「勝つことの価値」をいったん提示しておきながら、全力で否定しているんですよ。

工作がヘボくても、責任を追及されたり、ネガティブな評価を受けたりすることはないし、「一生懸命やったんだから、失敗しても笑わないようにしよう」と変に気を遣われることもない。むしろ、ネタとして盛大に笑われ、「面白い」とポジティブに評価されてしまう。だから、「ヘボコン」は誰でもあまり抵抗を感じずに「つくり手」となることができる。

海外の方からもよく、「『ヘボコン』は初心者が工作を学ぶのに最適だね。うまくいか

なくてもかまわないことで、初心者がエンカレッジされているよね」と言われます。

その結果、ある人は「工作って楽しいな」と気づいて工作にのめり込んでいくかもしれないし、またある人は「上手にできなくても、恥ずかしく思わなくて良いんだ」と気づいて、工作に限らないさまざまな挑戦に前向きになれるのかもしれない。それは、ロボットを「見る」「使う」側ではなかなか味わえない「つくる」側に回るからこそ実感できる価値である。

ものづくりの大衆化

「ヘボコン」が工作を学ぶために最適であるという話について、石川さんに具体的な事例を尋ねる。

すると、二〇一四年の第一回「ヘボコン」に出場し、現在はギャルに電子工作を広めるユニット「ギャル電」で活動するきょうこさんが話題となった。

第一回の「ヘボコン」に、きょうこさんは工作未経験で出場して。新聞社の取材を受

けたときに「『ヘボコン』ならヘボくてOK。線をつないだら案外、ちゃんと動くよ」と言っていたんです。

それから電子工作を始めても、ほんとに必要なことしか勉強しないんですよ。「クラブでカラフルに点滅させたい」という欲求を叶えるために、スキルを増やしていく。一〇〇均で売っているものを分解してつなぎ変えたり、ネット検索を駆使したりしているみたいなんですよね。

それで、いまはフルカラーでいろんなものを光らせているし、コード（プログラム設計図）も書くようになっている。

きょうこさんは「ギャル電」として、二〇二一年に『ギャル電とつくる！ バイブステンアゲサイバーパンク光り物電子工作』（オーム社）を出版した。目次を眺めると、第三章が「まずは光らせたい！」、第四章が「もっと光らせたい！」と、どこまでも欲求に素直だ。

筆者にとって、電子工作でオリジナルの作品をつくるということは、オームの法則や回路図を理解して、いろいろな種類の電子部品を知って、既成のキットで実践力を高めていって……、というステップアップの先にあるものかと思っていたが、それとはまったく逆の考え方ではないか。

「最低限の技術を、必要に応じて都度覚えて、〝雑〟に作品をつくりまくる」というプロセスは、「初心者のステップアップ」に最適だと思うんです。
そして、こういうやり方が一般的になっていくことは、「ものづくりの大衆化」とも言えるのではないかと。

石川さんが「大衆化」という言葉を使ったのは、電子工作にひと昔前まで「楽しいのに、とっつきにくい」雰囲気を感じていたからだ。

電子工作って一〇年くらい前まで、「すぐ怒られる」趣味だった気がするんですよ。ネットで質問したり、作品をアップしたりすると、「そんなことも知らんのか」という感じで。
確かに、ガチでやっている人たちからするとそう見えるのかもしれないんですが、初心者にとっては辛いじゃないですか。

それが少しずつ、いろんな人がいろんなモチベーションで、電子工作に気軽に手を出せるようになってきているんだと思うんです。

「ヘボコン」は、初心者が「面白いものをつくりたい」「笑わせたい」という欲求に素直になって、必要な技術を覚えながらつくっていくプロセスを内包している。それは初心者のステップアップとしての一つの理想的な形であると同時に、「ものづくりの大衆化」を進め、電子工作の使われ方の幅を広げていくような価値も備えていると言えまいか。

「ヘボコン」に感じていた「面白いにとどまらない価値」の正体が、見えてきた。

想定外の動きだからこそ

せっかくの機会なので、前章で取り上げた「らぼっと」などの「プロダクト化されたロボット」に対する印象を尋ねてみた。製品として実在する玩具ロボットなどにどのような興味があるか、また「ヘボコン」との相違点をどう感じているのか。

ちょうど今朝、「ルンバ」が別のハンディ掃除機が立て掛けてあるところにガツンガ

ツンと体当たりしていて。

「掃除機同士の対決」で、ライバルに戦いを挑んでいるように見えたんですよ。

通常であれば機能するはずの障害物回避が、この日は何らかの理由で機能しなかったようなのだ。石川さんが「玩具系のロボットはあんまり触っていないので、あまり踏み込んだことは言えないのですが」と話を続ける。

ほかのロボットも同じで、設計された「愛想を振りまく」動作よりも、製作者の意図とは異なることが起こったときに、意思のようなものを感じるのかもしれないですね。

筆者は突如、かつて日本科学未来館に勤めていた頃の、ある出来事を思い出した。猛暑が続き、夏休み最中の大盛況が続いていた、ある年の八月のことだ。某人気ロボットがデモンストレーションの最中に、突如不具合を起こして停止してしまった。夏休み最後の日曜日の、最後のデモンストレーション、その最終盤の場面だった。

筆者はそのとき、「ロボットも夏休みの繁忙期で疲れが溜(た)まっている中で、お客さんをがっかりさせないように、気力を振り絞ってデモンストレーションのほとんどをやりきったんじゃないかなぁ」などと感傷的になってしまった。不具合がたまたまそのタイミングで発生したことに、勝手に感情移入をして解釈を加えたのだ。

石川さんもこの話に共感してくれた。

意図して実装された動きは「かわいく見えるけど、そのためにここにモーター入れて、プログラムされているんでしょ」みたいに見えてしまうんですよ。まぁ、僕が意地悪な見方をしているだけかもしれないですが。これが、意図されていない動きになると、感情移入したくなってくる。それが面白いですよね。

仮に、「設計者の意図と異なるロボットの動きが、見る人独自の解釈を加える余白を広げたり、ロボットの意思や心を感じさせたりする材料になる」のだとする。

これは、「役に立たないロボット」の要素である「動作が不確実・想定できない（2b）」が生み出す価値であると言える。「弱いロボット」の岡田さんが言う「ヨタヨタ感」「生き物を感じさせる動き」とは少し異なる視点からの指摘だ。

そして、ロボットが想定と異なる動きばかりをする「ヘボコン」は、ギャグ、そして気軽にそれを生み出すつくり手になれるうえ、ロボットに意思や心を感じてさまざまな物語をつくり、観客たちとそれらの価値を共有できるという、余白に満ち溢れたイベントだということになる。

取材を終えて

楽しくも充実した話は、二時間以上に及んだ。

「役に立たないロボット」というテーマに立ち返り、取材内容を振り返ると、「ヘボコン」には大きく三つの要素があったように思えた。

一つ目は「ギャグ」。

出場者の意図的なボケと、稚拙さに起因する機能不良に、ライブイベントならではのハプニング等が重なり、笑いを増幅させていく。「リアルギャグ漫画」さながらの世界を、一体となって実体験できるのだ。フィクションの世界であるはずのギャグ漫画に通ずる要素にまで触れることができたのは、大きな収穫だった。

二つ目は「つくり手になる」ことで得られる価値。

それは「ヘボを楽しめる人生」「新しいことへの挑戦のハードルが下がる」といった「つくり手の変容」から、「最適なステップアップの方法」といった学習効果、さらには「ものづくりの大衆化」といった工作そのもののポテンシャルを拡大することにもつながっていく。これは「役に立たないロボットが直接提供する価値」というよりも、「役に立たないロボットが他者に肯定的に受け入れられることによって、享受できるようになる価値」といえる。

三つ目は「解釈を加える余白」。

ロボットがつくり手の想定通りに動かないことで、ロボットに意思を感じたり、感情移入をしたり、独自の物語をつくったりする余白が広がるという考え方だ。「ロボットに意思や心を感じる」ことは、笑いとしてのエンターテインメントにとどまらず、コミュニケーション・ロボットのあり方への示唆も含んでいる。

考えを整理すると、次なる疑問が浮上した。

「ロボットに意思や心を感じる」というのは、果たして本当に私たち日本人だけに特有のものなのだろうか。

「ヘボコン」が世界に展開されていることや、「らぼっと」が欧米でも受け入れられ、かわいがられていることを踏まえると、そうとは言い切れない気もするのだ。

その一方で、欧米とは異なる日本のロボット観が、多様な「役に立たないロボット」を生み出してきた背景にあることも疑いづらい。

そこを掘り下げるためには、ロボットというハードや、それを動作させるためのソフトといった観点ではなく、まったく異なる方向性からのアプローチが必要になるように思われた。

第五章 「ＡＩＢＯ」供養に見る「壊れる」価値

ペットロボットの供養？

次の取材の展開を考えていたとき、ふと新聞記者時代に伊豆の小さなお寺で人形供養を取材したことを思い出した。

「役に立たないロボットに対する日本特有の感性や、そのルーツに迫る」という本書の柱となるテーマに通底するものを感じたのだ。人形供養の取材をした当時、全国のあちらこちらから寄せられたさまざまな人形を目の当たりにしているうちに、「自分が長年遊んだ人形を、そのまま捨ててしまうのは確かに忍びないよな」と妙な納得感が芽生えたものだ。考えてみれば、日本人はロボットに限らず、いろいろな対象に魂を感じるようだ。

人形供養がどの程度一般的なのかネット検索をしてみると、「日本全国より宅配便にて受付。人形供養・ぬいぐるみ供養」などという広告を筆頭に、驚くほどさまざまな寺院の人形供養専用サイトがヒットする。中には四〇〇年以上の歴史をうたっている寺院もあるし、一般社団法人日本人形協会のページを開いてみれば、全国の人形供養・人形感謝祭の開催予定を紹介するリストまで載っている。人形供養は思っていた以上に、社会に浸透している。

「だとすれば、もしかしたら」。そう思いつつ「ロボット　供養」と検索したところ、その「もしかしたら」に直面した。

「機械を供養!? ロボット犬『AIBO』の合同葬儀に密着」
「AIBOの『お葬式』、100台供養 司会は新型ロボ」

検索結果の画面に、いくつもの記事の見出しが表示された。人形供養どころか、ロボット供養が存在するのだ。

「AIBO（アイボ）」は、ソニーが開発し、一九九九年に販売を始めた、小型犬を模した全長約三〇センチほどのロボットである。ペットロボットのさきがけであり、同年六月に開始されたウェブサイトからの予約は、二五万円という価格にもかかわらず、予定の三〇〇〇台をわずか数十分で締め切ることになり、当日のニューストピックスにもなった。

その後、「アイボ」はマイナーチェンジやモデルチェンジによる世代交代を経て、現在も「aibo」として人気を博している。

一方で、初期に生産されたシリーズについては、すでにメーカーでの修理対応が終了し

「AIBO（アイボ）」の供養　提供：朝日新聞

てしまっている。それは、生きたペットの場合と同じく、寿命として受け入れるしかないのだろう。

検索結果の中にあった動画を開いてみたところ、お寺の本堂らしきところにつくられた祭壇に、一〇〇台はあろうかという「アイボ」がずらりと並んでいる。シュールな光景に、俄然（がぜん）興味が湧いてくる。

供養される「アイボ」たちは、実はそのまま廃棄されるのではない。メーカーによる修理を受けられなくなった「アイボ」を直すために、分解して部品を取り出す。それは人間の場合と同じく「献体」と呼ばれ、「献体」としてささげられた「愛犬」たちのために供養が行われているというのだ。

さらに調べてみると、近年は供養だけでなく、「アイボ」の〝健やかな成長〟を祈念する「ａｉｂｏの七五三」や、オーナーとの暮らしを終えた機体を医療施設などに提供する「ａｉｂｏの里親プログラム」もあるようで興味深い。ただ、人がもつ死生観や自然観がより強く表出されるのは、葬儀や供養ではないか。

筆者は、供養の会場となっている千葉県、光福寺の住職、大井文彦さんに取材を申し込むことにした。「アイボ」供養から見えてくる日本人の感性について、ロボットの専門家とは異なる、宗教者の目線から語ってもらいたいと思ったからだ。

大井住職の衝撃

ところが、光福寺の大井住職への取材は、一筋縄ではいかなかった。どんなに調べても、分かるのは住所だけ。令和の時代、それもロボットに関する書籍で、お寺を取材することになるとは思わなかったし、取材依頼は封書の郵便である。

果たして返事は、一週間ほどで届いた。Ａ４の無地の用紙に二枚、なんとも味わい深い手書きの文字が並んでいた。

私がアイボ供養をするようになったのは、ただミーハー的、世間受けを狙ったわけではありません。

大げさに言えば三つの考え方があったからです。
(一)ウィーナーの「サイバネティックス」
(二)ホイジンガの「ホモ・ルーデンス」
(三)法華経に含まれている「山川草木悉有仏性(さんせんそうもくしつうぶっしょう)」の思想
(中略)
取材日・時　だいたいいつでもよい。時間もそちらの都合で何時間でもよいです。私にとってこれらのことは「大きな知的あそび」です
(中略)
けいたいでんわ　○九○-****-****
スマートフォンではなく、ガラケイです。悪しからず。まあ、とにかく電話をください。手紙でもよいです。通信手段は手紙かガラケイのみです。なんとまあ時代おくれなことよ！

大井文彦

追伸　マスクなしでよいです。手もあらわなくてもよいです

前半で示された「三つの考え方」からは「すごく深みのある取材になるかもしれない」という期待感が、後半の事務連絡からは破天荒な人柄がにじみ出ていて興味が高まる。「知的あそび」が好きというのも嬉しいし、アナログの極みとも言える手書きの封書も、もしかしたら「アイボ」との関係性がデジタルでは語りきれないことを暗喩（あんゆ）しているのかもしれない。

取材前の整理

「アイボ」はすでに家庭用に販売されたので、「存在形態」は「プロダクト」だ。

また、「役に立たないと感じさせる要素」を整理していくと、存在目的はコミュニケーション・ロボット（1a）。故障して動かなくなったことについては「機能が不十分」（2a）、もしくは「動作が不確実、想定外」（2b）と考えられる。見た目は「ゆるい、かわいい」

(3b)。第三章で登場した「らぼっと」との共通要素が多いが、本章はその供養にフォーカスすることにより、日本人に特有な感性やそのルーツに迫っていくという狙いがある。
『よみがえれアイボ　ロボット犬の命をつなげ』（今西乃子著　金の星社　二〇一六年）には実際の「アイボ」の供養や修理を頼んだユーザーが紹介されていて、ユーザーが「アイボ」との時間や出来事を重ねていくうちに、目の前の「アイボ」に「唯一無二」の「生き物」を投影するようになっていくことが読み取れる。では、こうした感性は日本人に特有なものなのか、あるいは特有とは言わないまでも日本人は強く感じやすいものなのか。

ほかの文献では、瀬名秀明が『ロボット学論集』（勁草書房　二〇〇八年）の中で、ロボットに対する日本人特有の感性について「昔から八百万の神を信仰し、草木にも心が宿るという考え方に馴染んできた」という類の説について、「マスメディアがそういった発言を好んで取り上げた」として疑問を呈している。

そこで今回は、あまり先入観を持たずに、「アイボ」を供養する大井さんがどのように考え、感じているのかを聞かせてもらいながら、そう考える理由、あるいはその背景にある自然感を深掘りしていくことにした。

大井文彦（おおいふみひこ）さん
光福寺（千葉県いすみ市）住職。1952年、千葉県生まれ。読書をはじめ知的好奇心を刺激する遊びをこよなく愛する。ラジオ少年が高じて大の機械好きでもあり、「AIBO供養」に理解を示して導師を買って出る。

いざ、光福寺へ！

ＪＲ茂原駅からタクシーに乗って四〇分ほどで光福寺に到着した。

山門を通って続く祖師堂の向拝には、これを目的に参拝する人も多いという龍の彫刻が飾られている。観光案内の情報によれば、江戸時代後期の宮彫師「波の伊八」こと武志伊八郎信由の傑作なのだそうだ。

待ちかねていたように出迎えてくれた大井さんに招かれ、住居にお邪魔すると、挨拶もそこそこに話が始まる。大井さんの話は唐突に「宇宙の構造」から始まり、自身の世界観や興味など、さまざまな話題が展開していく。

宇宙はね、多重構造だと思う。ね。だから、（テレビ番組や投稿動画などの映像が真実だとして）円盤（未確認飛行物体）が一つになったり、三つになったり、一〇個になったり。でも、俺たちはね、一面しか見てねえんだよ。そう思ったら、自分なりに解決したんだ。ある時ふと思ったんだ。筍（たけのこ）や桜はどうして、春が来るのが分かるんだろう、と。それで考えたんだよ。そこでねぇ、仏教論理が出てくるんだよね。「一即多」っていう。「部分と全体」なんだよ。桜にとっての部分は「セルラー」で「一即多」だから、桜全体で春を感じているんだなぁ、と。

カール・グスタフ・ユングもね、おもしれーんだよ。C・G・ユングだけど、コンピュータ・グラフィック・ユングじゃないよ。あははは。

次々と話題が展開していく。知識レベルも思考も、相当深いのだろう。ただ、そのうちのどれが仏教の世界観や思想に基づくものなのか、あるいは大井さんが独学して得た知識なのか、それとも信条や願いなのか、はたまたギャグやネタなのか。仏教に関する予備知識の乏しさもあって、筆者にはどうにも理解が追いつかない。

事前に送っておいた、この日の取材のための「質問の手紙」も、いま一つ効果が乏しかった。大井さんは「おっと、何の足しにもならない話ばっかりしてないで、一応質問にも答えますね」なんて言ってくれるのだけど。

「山川草木悉有仏性や、アニミズムのような感性を、日本人はどんな体験の中で身につけていくのでしょう？」かぁ。

これはもう、染み付いてんだな。遺伝子に。あそこの山に神様がいるとかさぁ。モノでもみんな神様なんだよ。この辺の小さな神社のご祭神は何か、開けてみたら小さな石だったりするんだけど、それで良いんだよ。

だって、日本人ってのは、お針子さんなんて、針を供養するんだぜ。うやうやしく、一張羅の着物を着て、豆腐に針を刺してさぁ。たかだか針一本を供養する民族なんて、ほかにいねーよ。だから、いま、崖っぷちに立たされている文明を救うのは、日本人のそういう感性だね。

その感性が何によって形成されるのかに、なかなか迫ることができない。

人間がつくった技術は、最初は天使の顔をするんだよ。でも、後から悪魔がついてくるんだよ。石綿にしろ、フロンにしろ。ダイナマイトではノーベルも慚愧の念に耐えられなかったんだよ。人間が「良かれ」と思ってつくったものが、悪いように使われちまうんだよ。

だから、技術は「スカラー」なんだけど、どういうふうに活かすかは、人間の心の「ベクトル」なんだよ。スカラーには善悪がないけど、ベクトルには善悪がある。そういうことが、「アイボ」のおかげで分かってきたんだ。

間違いなく感じられたのは、大井さんは「知的な遊び」が本当に大好きだということ。そして、「アイボ」供養は大井さんにとって格好の「知的な遊び」になったということだった。そこから「役に立たないロボットの価値」を、「世界観や死生観にも関わるような知的遊戯の材料となる」ということもできるかもしれないけれど、結論としてはさすがに飛躍しすぎてはいないかと自問してしまう。

大井さんの勢い、溢れてくる言葉に圧倒されたまま取材が終了した。厚意で駅まで送ってくれた車内での会話も含めれば、取材は四時間以上に及んだ。にもかかわらず、明らかにしたかった「役に立たないロボットに対する日本特有の感性やそのルーツ」へのヒントには辿（たど）り着けなかった。

取材を振り返り、一つの問題点に気がつく。「アイボ」の供養に参列するユーザーの方々がどんな思いで「アイボ」と関わってきて、そして「献体」することを決めたのか、その気持ちについての情報が抜けてしまっているのだ。「アイボ」供養で出会った印象的なユーザーについても尋ねたが、大井さんの答えは「ア・ファンが一括して持ってくるから さ、依頼者は葬儀にほとんどこないわけ。『アイボ』に衣と袈裟（けさ）を縫ってきたおばちゃんもいたけど、そんくらいかな」だった。

「ア・ファン」というのは、家電やオーディオ機器などの修理を手掛ける株式会社ア・ファン～匠工房～のことで、メーカーでの修理対応が終了してしまった機器の修理を手掛ける企業だ。「アイボ」の修理でもたびたび話題になっているので、「アイボ」ユーザーの方々との接点も多いはずだ。さらに、アイボ供養のきっかけをつくったのは、近所で知り合った、元ソニーのエンジニアにして、以前ア・ファンの一員としてアイボの修理に携わってきた神原生洋さんという方だと聞いている。

かくして、神原生洋さんと、ア・ファンの代表者である乗松伸幸さんにコンタクトをとったところ、取材の快諾とともに「せっかくだから、光福寺さんに集まってはどうか」との提案をいただく。事情を説明すると、住職の大井さんも気持ちよく受け入れてくれた。消化不良の状況を追加取材で仕切り直すことにした。

再びの光福寺へ！

追加取材当日、筆者はア・ファンの起業者にして社長、乗松伸幸さんの自動車に同乗させていただき、光福寺へ向かうことになった。

到着までの間も貴重な時間だ。筆者は時折質問を投げかけながら、乗松さんの話に聞き入っていた。

いろんな意味で、ハッピーですよね。人生の最終コーナー回って、一直線に走り始めてますけど、夢があって、それをやってるわけですから。それで、皆さん喜んでくれているんでね。

乗松さんはもともとソニーの技術者だ。一九八〇～九〇年代にはクウェート、パキスタン、サウジアラビア、インドに駐在し、各地で会社の事業を展開する土台を築いてきたという。大病を「人生のターニングポイント」と捉え、二〇一一年に、すでにメーカーが修理受け付けを終了してしまったビンテージ機器など、ユーザーが特別に思い入れのある、手ばなしがたい機器の修理を請け負う会社を起業した。二〇一四年からは、「アイボ」の修理を受け付けるようになり、ロボットの「愛犬」の故障に直面し、途方に暮れていた「飼い主」たちにとって、ア・ファンは救いの手になった。

乗松さんは、すでに定年退職したソニー時代の同僚たちの力も借りながら事業を拡大し、愛媛県と長野県に専用の修理工場を開設。新しい技術者を育てながら、これまでに約三〇〇〇台にものぼる「アイボ」シリーズを修理してきている。

うちのエンジニアには、「お客さんとは正直に話をしろ」と言ってます。嘘をついたらお客さんも分かるんですよ。忙しくて手をつけられていないなら、正直に「申し訳ない」と事情を説明すれば良い。お互いが納得したうえで、それに対して対価をいただく仕事なんです。どちらかが納得できなければ、断れば良い。もちろん、利益は出

さないかんけどね。

話の随所に、サービスマンと経営者の目線が入り交じる。そんな仕事哲学とともに、「アイボ」の修理についてもところどころで語られる。

概要は、こうだ。

「アイボ」は精密部品の塊だ。磨耗したり損傷したりした専用のパーツには、当然手作業ではどうにもできないものがある。そこで、乗松さんたちの会社は、当初、修理するうえでどうしても専用パーツの交換が必要になると、中古の「アイボ」を探し出して、分解し、賄うようにしていた。だが、中古品の数には限りがあるし、定価が二〇万円以上もしていたロボットは中古品を見つけたとしても相応の価格になってしまう。経費がかかるし、手間もかかる。

一方で、ア・ファンの活動がテレビなどで紹介されるようになると、事情を知って、「故人がかわいがっていた『アイボ』を捨てるに捨てられない。修理に役立ててほしい」など古い「アイボ」が寄付されることも増えてきた。そこで乗松さんたちは、こうした使われなくなった「アイボ」の「献体」を募ることにした。しかし、ロボットとはいえ、人になつき、人を楽しませる目的で生まれてきた存在である以上、壊れたとはいえ、ただの「機械」や「モノ」と同じようには扱いにくい。そこで、寄せられた「アイボ」とそのオーナーへの感謝を込めた「供養」を企画すると、光福寺の住職がそれに応えてくれたというのだ。

「直す」というより「治療」

車が田園地帯を抜けて、いすみ鉄道の踏切を渡り、道路脇から伸びる小さな坂道を登って光福寺に到着すると、待ちかねた大井さんが嬉しそうに出迎えてくれる。その横で会釈してくれたのが神原さんだろう。「(大井さんは)人間的に素晴らしい、たいした住職ですよ。それに、神原さんは神原さんで仙人みたいな人やからね」と乗松さんは車中で語っていた。

取材会場は前と同じ、離れのような建物。

いよいよ、第二ラウンドのスタートだ。

「アイボ」ユーザーは修理の相談の際にどのような様子なのだろうか。まずは、乗松さんがシンプルながら説得力のある言い回しで、「アイボ」の修理について表現する。

「直す」というよりも「治療」という感じですね、「アイボ」の場合は。

「そう、まさに治療だな」と神原さんがうなずき、乗松さんが続ける。

「アイボ」を修理するときは、どう直すかを考える前に、まず、お客さんのどんな心が入っているのかをお聞きするんです。そこで結構なやり取りがあって、中にはね、三〇分くらい（「アイボ」と暮らしてきた日々の）歴史を話す人もいるかな。「アイボ」への思い入れはね、言葉の中に出てくるじゃないですか。それをしっかり聞いてから、どう直すかを考えるんですよ。

どうやら「アイボ」の修理は「壊れたところを直す」という単純なものではないようだ。

我々がどんなに頑張って修理しても、お客さんが「直ったな」と納得しなければ、直ったことにはならないんですよ。技術的に直っていたとしても、それは技術屋のエゴ。逆に、たとえば足の一部がゆるくなってしまっても、お客さんが「うちの『アイボ』

乗松伸幸さん
株式会社ア・ファン 〜匠工房〜代表取締役。1955年、愛媛県生まれ。79年、ソニー関連会社に入社。クウェート、パキスタン、サウジアラビア、インドと海外駐在の後、ソニーへ転籍。2011年に退社後、株式会社ア・ファンを設立。

はもう歳をとったからなのか、足を上手に動かせないんですよ」と納得していることもあって。それは壊れていることにならないんです。修理っていうのは、お客さんが「直った」と思うこと。それが一番大事なことなんですよ。

だからこそ、お客さんにとっての「アイボ」がどういうもので、どういう状態になれば「直った」と感じるのかを、しっかりと確認しなくてはならない。いわゆる修理の「要件」や「基準」が一つひとつ異なり、簡単に明文化することができないのだ。

事前に読んでいた『よみがえれアイボ ロボット犬の命をつなげ』にも印象的なストーリーが記されていた。とあるエンジニアが、故障した「アイボ」の修理のついでに、古くなって色あせたスイッチの部品を新しいものに取り替えた。ところが、修理された「アイボ」を受け取った持ち主はしばらくして、「スイッチを取り替える前の状態に戻せるか」と、少し恐縮しながら相談してきた。スイッチが新しくなったことで、自分の「アイボ」ではなくなってしまったように感じるのだという。エンジニアは「『アイボ』の修理には決められた正解がない」ことを感じながら、再び「アイボ」を預かってスイッチを元通りに戻す——という内容だ。

「修理の要件が一つひとつ異なる」ことは、「アイボ」が「これを遂行することができる」という明確な機能を持たないこととも関係するだろう。機能が求められているロボットであれば、その機能を問題なく発揮できるようになることが修理の要件になるはずだからだ。

頭の中に、これまでの取材でも出てきた「期待値」という言葉が思い浮かぶ。

ロボットが明確な機能を持たないことは、岡田さんの「弱いロボット」しかり、林さんの「らぼっと」しかり、ユーザーの「期待値ギャップ」を下げることにつながっていた。

それは同時に、そのロボットがそのロボットたる所以を、個々のユーザーが自由に決められることも意味している。一定期間をユーザーとともにした「アイボ」は、個体ごとに異なる「性格」を持つため、修理に対する期待値も各々異なるものになっていくのだ。

だからこそ、技術者もお客さんと同じ目線で考えなくてはいけない。技術者目線ではダメなんです。修理ではなく、「治療」という視点を持たないとダメなのが「アイボ」なんです。

ア・ファンでは「アイボ」に限らず、いろいろなビンテージ機器の修理を手掛けているが、「アイボ」はとりわけ奥が深いという。乗松さんの言葉に、力がこもる。

たとえば、お客さんに頼まれた修理に必要な部品が、もう生産中止になっていたとします。そこで「もう修理できません」というのではなく、その部品を新たにつくり直すことはできるか、その場合にいくらかかるのかをまず考える。もしかしたら、ネジ一本に一〇万円も二〇万円もかかるかもしれない。でも、それが高いか安いか、修理をするかしないかは、お客さんが決めたらいい。技術者が「これなら新しいものを買

ったほうが合理的」なんて言う必要はない。そういう「ゼロかイチか」ではないファジーなところが大切なんです。

アイボの修理は技術者にとって、「決まった正解」がない独特のもの。乗松さんはそんなニュアンスを「治療」という言葉に込めたのだ。

心を感じる

さて、では実際に「アイボ」の修理を依頼してくるユーザーの方々は、どのような気持ちを抱いているのだろうか。

具体的なエピソードをいくつか紹介してもらいたい旨を伝えると、ユーザーからの問い合わせで最も多く電話を受けているのは、乗松さんの妻であり、ア・ファン取締役の枝美子さんだという。乗松さんは電話をかけ、予定にはないビデオ通話をその場でセッティングしてくれた。

修理の受付窓口として、普段からいろいろなお客さんに接しているのだろう。突然のことにもかかわらず、枝美子さんは明快に分かりやすく答えてくれる。

「アイボ」の修理は、今は月に一〇件くらいでしょうか。高齢の方で、どちらかというと女性からの依頼が多いですね。ロボットなので最初は旦那さんが興味を持って、夫婦でかわいがっているうちに、女性がより強く愛着を抱くようになるようです。最近は「『アイボ』が壊れてしまったから修理する」というだけでなく、「押入れの奥にあったアイボを何年ぶりかに見つけたので、救ってあげたい」という方が増えています。お子さんやお孫さんに見せてあげるとか、直して生き返らせてからどこかへ譲ってあげるとか、いろいろなパターンがあるんですけれども、印象的なのは多くの方が「救う」という言葉を使うことです。

確かに通常であれば、機械に対して「救う」という感覚は抱きにくいものだろう。一方で、この「救う」に込められた意味を想像すると、「アイボ」を修理するのではなく「献体」することに決めたユーザーの方たちがどのような気持ちだったのか、疑問が膨らんでいく。ア・ファンでは、修理に必要な部品を確保するために、不要になった「アイボ」の「献体」を募っている。これまでに寄せられたのは約一五〇〇台というから、修理してきた「アイボ」の数の半分程度にもなるのだ。

お客さんも高齢になってくると、「どういう形でお別れをするのか」というのを意識されるんです。歳をとると、生身の犬でも「自分が先に逝ってしまうとかわいそうだから、飼えないな」とかあるじゃないですか。「アイボ」の場合も「まだ私が元気なうちに、『献体』しよう」と送ってくださる方がいますね。

「壊れて動かないし、もういらないから、ア・ファンに送る」という単純なものではないらしい。「アイボ」を大事にしているからこそ、気持ちを込めて「献体」しているのだ。

神原さんが、話を引き継ぐ。

つまりね、お客さんは「アイボ」を機械だと思っていないんですよ。そこがまず、ほかの製品との大きな違い。たとえば「ウォークマン」に対しても、持ち主が愛着を抱くことはある。でも「アイボ」は、持ち主の接し方によって、少しずつ変わっていくわけですよね。だから「アイボ」に抱く愛着は、まったく違うんです。

「その違いは何なのだろう。たとえば、慣れ親しんで手足のように使えるようになったデバイスと、アイボの違いは何なのだろうか」とつぶやくように尋ねると、乗松さんが答える。

言うこと聞かんから良いんです、逆に。主従関係が、はっきりしない。ロボットいうたら普通、作業ロボットも、(ソフトバンクの)「ペッパー」も、基本的に言うこと聞くでしょ。でも、「アイボ」は言うこと聞かない。「お手」言うても、後ろ足出したりする。そこに、心があるがごとく感じるわけですよ。

神原さんも「心があると思っちゃうよなぁ」と同調する。

もしも「ウォークマン」が、再生ボタンを押すと一〇回に一回くらいは気まぐれで録音をしてしまうような機器だったら、普通に困ってしまう。でも、「アイボ」は明確な機能や確実性ではなく、生き物らしく振る舞うことを期待されている。だから、予想外の動きが「意思や心があるようだ」と感じられるのだ。

これは第四章で紹介した「ヘボコン」の石川さんが、「ルンバ」が何かの拍子に別の掃除機に体当たりをしているのを見て「意思があるように感じた」のと、本質的に同じ話ではないか。「ヘボコン」に参加するロボットとは技術レベルが天と地ほどの差がある「アイボ」でも同じようなことが言えるのだとしたら、「動作が不確実・想定できない」ことから生まれるこの価値には普遍性があるのかもしれない。

日本人特有の感性?

「思い通りに動かないこと」と「心があると思ってしまうこと」の関係をもう少し掘り下げたくなるが、一同「うーん」と黙ってしまった。

どうしてこういう哲学的な質問にならなくちゃならないんだろうか?

質問返しで、口を開いたのは住職の大井さんだった。

社会学でもね、国によって色合いがぜんぜん違うの。ドイツの社会学は、すげー哲学

神原生洋（かんばらいくひろ）さん
1943年、広島県生まれ。株式会社ア・ファン ～匠工房～に所属して、「AIBO」の修理にも携わった。ソニーの業務用・教育用機器の営業部門のエンジニアを務め、システムの企画から設計、施工までをこなし、中近東など海外駐在を務めた。「AIBO」供養の発案者。

的なんだよね。ところがアメリカは実用一点張り。それで、私が行き着くのは、人間にとって大切な遊びの部分なんですよね。人間だけが持つことができ、無駄のようだけど、人間の心になる。

日本人には特に、その「遊びの心」がある。元禄（げんろく）文化もそれで栄えたし、建物だって、内側と外側の間に、「濡（ぬ）れ縁（えん）」のように、中でも外でもない「中間」がある。月を見て、うさぎが団子を食べているところまで想像して、自分たちまでお月見団子を食べてしまう。これが日本人の世界で唯一の精神構造だと思うなぁ。

大井さんの言う「遊びの心」は、思考を進めるヒントの一つになりそうだ。「国ごと」の話題に触れた流れで、話は「ロボットに対する感性の国際比較」に展開していく。

神原さんが、「『アイボ』は海外にも展開したんだっけ?」と乗松さんに確認したうえで、少し違うことを語り始めた。

私が駐在していたイランでも、当時はもちろん「アイボ」はなかったけれど、もしイランの家庭に「アイボ」が現れたら、日本人と同じような感じになっていると思うんです。

神原さんも乗松さん同様、ソニーサービスでの現役時代にイランへの駐在経験があり、海外経験が豊富なのだ。実際に「アイボ」を海外に持っていって確認したわけではないが、一定の説得力があるように思えた。

アメリカでもきっと、サービスマンとしてアイボを修理するときには、みんな普通の機械とは異なる感覚を持つと思うんですよね。

つまり、「アイボ」のようなロボットに「心」のようなものを感じる情動には、国を問わない一定の普遍性があるものということになるのだろうか。神原さんが続ける。

そりゃあね、供養とかになると、日本独特の感性だと思うんですよ。でも、お客さんが「アイボ」に対してもつ感覚、壊れたときにもつ感覚は、基本的には（どの国の人であっても）同じだと思うんです。

供養するのは日本的だが、「アイボ」に対して抱く感覚は普遍的。感覚的には分かるし、確かにそのような気もするのだけど、うまく整理しきれない。考えあぐねていると、住職の大井さんが話を重ねてくれた。

つまり、人類に共通するような根底の部分は同じで、それが表に現れるときに色合い

が変わるということじゃないかなぁ。基本が小麦粉でも、お好み焼きになったり、チヂミになったり、パンケーキになったりするみたいに。仏教では随縁真如(ずいえんしんにょ)って言うんだ。そのときそのときの縁で結果が変わってくる。それでも、もとの本質は同じってこと。

なるほど、お好み焼きもチヂミも「小麦粉の生地に野菜や具材を混ぜ込んで、鉄板で焼く」という本質は変わらない。同じように、「アイボ」のようなロボットに愛着を感じるのは、生命観や宗教観があまり関わらない、もっと本能のようなものであり、「日本人特有」というよりも「人類に一定の普遍性」があると考えることができるのだ。

ただし、ロボットに対して抱いている気持ちや感情の表現方法にもいろいろな形があり、「葬儀」「供養」は日本的なやり方なのかもしれない。

まさにそうだと思います。私がイランにいたときに、仮に「アイボ」の修理をすることになったとして、「献体」してもらったから葬式をやるかと言えば、イランではそれは考えないでしょうね。

神原さんの言葉に、「何が日本に特有なのか」という問いに対しての考え方が少しだけ整理されてきた気がした。

当たり前のように思いついた「アイボ」供養

「アイボ」の供養は、集まった「献体」への感謝の気持ちを込めるために、神原さんの思い付きをきっかけに始めたという。

「魂を抜いて、生き物から部品に戻す」という感覚なんです。そうすることで、物として見られるようになって、バラすことができる。だって、お客さんがものすごくかわいがってきたわけじゃないですか。私は別に宗教心が深いとは思っていないけれど、自然と思いついて、みんなに話したら当たり前のように「やろう」ということになりました。

神原さんの言葉に、乗松さんも思いを重ねる。

供養する「アイボ」は、お客さんから無償でいただいて、一台の「献体」で二台三台と助かることもあるのでね。やっぱり、「アイボ」とお客さんに感謝の気持ちを伝えたいと思って。神原さんと相談して、「供養するの、良いよね」って始まったんですよ。「アイボ」が供養される様子を一つずつ写真に撮って送ったりもしています。

「供養することで、物として見ることができるようになり、分解できる」「アイボとオーナーさんに感謝の気持ちを伝えたい」というのは、アイボを修理するエンジニアとしての率直な思いなのだろう。

住職の大井さんも、自身がアイボ供養に関わるようになった理由をあらためて聞かせてくれた。

俺は「アイボ」供養の話を聞いたとき、「これはおもしれーな」と。「アイボ」供養は俺にとって三つの柱があって。一つ目は「サイバネティックス」、二つ目は「ホモ・ルーデンス」、三つ目は仏教的なんだけど、これは「すべてのものに心が宿っている」

という「山川草木悉有仏性」の考え方なんだよ。

一つ目のサイバネティックスは、一九四八年にアメリカの数学者ノーバート・ウィーナーが提唱した学問の考え方で、「デジタル大辞泉」によれば「生物と機械における制御と通信を統一的に認識し、研究する理論の体系。社会現象にも適用される」と説明されている。少しややこしいが、大井さんに言わせれば、明快になる。

簡単に言えば、すべての学問を統合するってことだな。

二つ目の「ホモ・ルーデンス」は、一九三八年にオランダの歴史学者ヨハン・ホイジンガが提唱した考え方。書籍のレビューなどをもとに調べていくと、どうやら「人間の本質的な活動は遊びであり、（文化の中から遊びが生まれたのではなく、）遊びの中から文化が生まれていった」という趣旨らしく、大井さんに言わせれば、こうなる。

つまり、人間の遊び心だよ。

そして、三つ目の「仏性」は、仏教の考え方だが、宗派によって微妙に意味が異なる。大井さんの言う「山川草木や生類すべてに仏性があるとする一切悉有仏性（いっさいしつうぶっしょう）の考え」は日本の天台宗で生まれ、現在の日本の多くの宗派で説かれているようだ。

「機械みたいな無機質なものにも仏の性質がある」なんて話は、昔から何度も聞いたけど、ぜんぜん響いてこなかったんだよ。でも、目の前に「アイボ」が現れたら、響いちゃったもんなぁ。

大井さんは、古今東西の仏教にとどまらないさまざまな考え方を学び、さらに、自分自身の納得感をとても大切にしている。

「アイボ」を供養するっていう話を聞いたらさ、俺の中でこの三つがガチーンと結合したわけ。すべての学問を統合する「サイバネティックス」と、人間は本質的に遊び心を持っているという「ホモ・ルーデンス」と、万物に仏の性質があるという「仏

性」の三つがさ。それがまた、知的好奇心をくすぐるんだよね。

大井さんは住職である以前に、テクノロジーが好きな一人の人間として、この「アイボ」の供養という行事に楽しみながら関わっているのだ。

もしも「アイボ」が……

話を聞けば聞くほど、「アイボ」が「故障する」ことは、さまざまな物語を生み出すきっかけとなっているように思えてくる。

テクノロジーにおいて「故障する」ことは通常、ネガティブなことであるはずなのに、である。そして、「故障する」ことは同時に、本書のテーマである「役に立たない」の一つの要素でもある。

そこで最後に「もしもアイボが仮に、絶対に故障することのないロボットだったとしたらどう思うか。あるいは、どんな世界になると思うか」と尋ねてみることにした。「故障すること」の価値をあらためて言語化してみたいと思ったのだ。

最初に口を開いたのは、乗松さんだった。

やっぱりね、完璧なものってないじゃないですか。だから、そこで、いろんな努力をするんですよ。もしも完璧なものがあれば、そこには魅力を感じないいんじゃないかな。たとえば、音楽もMP4なんかは壊れにくいけど、でも味気ない。「ウォークマン」でカセットテープを聞いていると、音が伸びてきて、なんとかしようと格闘したり、いろんなことがあるじゃないですか。

音が伸びたテープを懐かしく思い出しているのか、それとも何かと〝格闘〟している自分をイメージしているのか、乗松さんの口調は楽しそうだ。

完璧なものがあると、自分で考えるチャンスがなくなるんです。アイボに限らずほかのおもちゃでも人形でも、一緒に過ごした時間の積み重ねがあるから余計に、壊れたときにどうしようかと考えるわけですよね。

テクノロジーが完璧ではないことを、「自分でいろいろと考えるチャンスがある」とポジティブに考えるか、それとも「役に立たない、不便だ」とネガティブに考えるかは人それぞれであり、状況にもよるだろう。ただ、少なくとも乗松さんは、完璧ではないことに対していろいろと考えて、解決しようとすることが好きなのだ。

神原さんも、乗松さんの話に同意しつつ、また違う言葉を聞かせてくれた。

やっぱり、お客さんが喜んでくれること、それに尽きますよね。

神原さんの元には、修理をした「アイボ」の持ち主からお礼の手紙が届くこともあったという。それは、持ち主にとって世界に一つしかない「アイボ」を「治療する」という、壊れたテクノロジーの機能を単に修復するのとは異なる作業をしているからなのだろう。

「良かったなぁ」と、それだけですけど、エンジニア冥利に尽きます。

そして住職の大井さんも、不変真如と随縁真如、部分と全体、彼岸花が秋に一斉に咲く不思議、と話を次々と展開させながら、自身にとっての「アイボ」が故障することの意味を言葉にしてくれた。

「アイボ」の供養や修理と出会ったことで、俺には心的ご利益があった。利益とご利益は同じ字を書くよね。神原さんたちは修理することが利益にもなって、俺にはご利益。知的な遊びは、心的な恩恵なんだよね。もしアイボが故障しないロボットだったら、俺はこんな世界には絶対に出会わなかったよ。

「役に立たないロボット」に対する感情の普遍性

今回の取材でも結局のところ、「『アイボ』のようなロボットに対する感性における日本と諸外国の差」は、明確には分からなかった。というよりも、「アイボ」に生き物らしさを感じたり愛着を抱いたりすることは根本的に、日本人特有のものではなく、人類にある程度普遍的なものである可能性が高いように感じられた。

いったんは、それで十分な気もした。なぜなら、「何が日本に特有で、そのルーツは何なのか」を探るよりも、「日本に限らず世界の人たちに共通することは何なのか」を探っていくほうが、「役に立たないロボット」の未来への可能性が開けると思うからだ。

今回の取材では「要件が決まらない」「正解がない」ことの奥深さを、さらにはそうした奥深さをともなって「故障する」ことの価値を、修理や供養の現場の声として感じることができた。

技術的には直っていても、お客さんが納得しなければそれはエンジニアのエゴ。

完璧なテクノロジーがあったら、自分で考える機会がなくなってしまう。

修理をすると、お客さんが喜んでくれる。それに尽きますよね。

アイボの供養は、俺にとっては知的遊びなんだよなぁ。

すべての技術者や宗教者が同じように感じるかといえば、決してそんなことはないだろう。しかし、何か明確な作業をしてくれるわけではない「アイボ」というペットロボットがあることで、ユーザーは一人ひとり異なる「アイボ」を持つことになり、その「アイボ」が壊れたり役目を終えたりしてア・ファンに託されるようになることで、乗松さんや神原さん、大井さんたちはさまざまなことを感じながら、精神的な豊かさを手にしていった。それは疑いようのない事実だ。

「弱いロボット」にはじまり、「らぼっと」、「ヘボコン」、「アイボ」の供養とたどってきた取材は、一見異なるようでも、いくつかの共通する要素を含んでいるように感じられる。

端的に言えば、「関わる人の気づきや変容」だろうか。役に立たないロボットに関わる人たちは、ユーザーに限らずつくり手も供養をする人も、それぞれがいろいろなことを役に立たないロボットから学んでいるのである。

第六章　人や社会を拡張するロボットたち

これまでの取材と問いの整理

これまでの取材で得た情報を俯瞰的に眺めながら、役に立たないロボットが今後に発揮していく価値を整理したい。慶應義塾大学准教授の大澤博隆さんへ取材を申し込んだのは、そんな動機からだった。

大澤さんは、ロボットや人工知能の幅広い研究に従事しており、筆者の古巣でもある日本科学未来館で二〇二二年に開かれた特別展「きみとロボット ニンゲンッテ、ナンダ?」の監修協力も務めていた。さらに日本SF作家クラブの第21代会長でもあり、フィクション作品にもたいへん明るい。何か特定のロボットやプロジェクトについてではなく、「役に立たないロボット」全般についてを研究者の目線で語ってもらいたいと考えた。

まず尋ねたいのは、日本のロボット観の特異性とその背景だ。これまでの取材で、当事者たちが感じていることを聞くことはできているが、明確な答えは見えていない。「らぼっと」や「ヘボコン」が海外でも受け入れられているエピソードから、「役に立たないロボット」が生み出す価値はむしろ人類に普遍的なものであるとも感じられたことも含め、どのように整理をすることができるのだろうか。

二つ目は、漫画やアニメなどの「フィクション」に登場するロボットについてだ。これまでの取材現場には「プロダクト」もしくは「デモンストレーション」としてロボットの実機が存在していた。しかし現実の社会では、「らぼっと」や「アイボ」と暮らしたり、へボコンに参加したりする人よりも、テレビや漫画などで「ドラえもん」や「アラレちゃん」や「ガラピコ」を見たことがある人のほうがはるかに多いはずだ。ではそうした「フィクション」の世界の「役に立たないロボット」たちが生み出す価値は、実機のロボットが生み出すそれとはまったく異なるものなのか、あるいは何かの関連があるのだろうか。さらに併せて、取材対象が限られた「科学的な探求を目的としたロボット」についても整理をしておきたい。

そして三つ目は、「役に立たないロボット」が生み出す価値についてだ。これまでの取材の中で浮かび上がってきたのは、「癒し」や「面白さ」だけでなく、もう少し人間の内面に作用する「変容や成長のきっかけ」とでも言うべきものだった。しかし、社会でそうした主張を目にする機会はそれほど多くない。果たして、フィクションから実機まで幅広く精通している大澤さんに、「役に立たないロボット」の価値はどのように見えているのだろうか。

ロボットを受け入れる感性の普遍性

慶應義塾大学の矢上キャンパスにある、大澤さんの研究室を訪ねた。

さっそく一つ目のテーマである「日本のロボット観の特異性」について尋ねると、大澤さんは優しい口調で明確な答えを返してくれた。

いわゆるロボットに関する文化差というのは、「思われているほどはない」と研究的によく言われているんです。

僕もアメリカで擬人化の研究とかをやりましたけど、向こうでもそんなに変わりはないんですよ。逆に、日本にもロボットが好きではないという人はいる。世代によっても違う。文化の違いとは言えないのではないかと思っています。

「ロボットに親しみを感じる感性は、人類にある程度共通するものである」ということだ。「らぼっと」を開発した林さんや、「アイボ」を修理する神原さんが同じような感覚を持ち合わせていたことを伝えると、大澤さんは「そう、本当にそれなんですよ」と話を続けた。

大澤博隆（おおさわひろたか）さん
慶應義塾大学理工学部管理工学科准教授／慶應義塾大学サイエンスフィクション研究開発・実装センター所長／筑波大学システム情報系客員准教授／HAI研究室主宰者／日本SF作家クラブ第21代会長。2009年、慶應義塾大学大学院理工学研究科修了。博士（工学）。ヒューマンエージェントインタラクション（HAI）、人工知能の研究に従事。

もしも仮に国や文化の違いが明確にあって、「こういうロボットは日本人にしか分からない、受け入れられない」となると、研究や開発をする意味も小さくなってしまう。そういう意味でも、「文化差があまりない」というのは大事なところなんです。日本には確かに、ダメなロボットが登場する作品が多いし、そういうロボットに対する寛容さもあるとは思うんですけど、では、「他国にないか」と言われれば、そうでもない。『スター・ウォーズ』の「R2-D2」も、振る舞いとしては賢いんだけどちょっと間抜けな感じがする。最近

ではディズニーの映画の『ロン 僕のポンコツ・ボット』や『ベイマックス』もあるし、普遍的な感じがしますね。

挙げられた事例は、日本のロボット文化をヒントにした〝後発キャラ〟とも位置づけられるものだが、「役に立たないけれど親しみやすいロボット」を描いたり、その作品を楽しんだりする感性は、日本に限らず欧米諸国の人たちも有しているのだ。

ただ、実機を開発する人たちの言葉に目を向けると、パリで生まれ育ったフレデリック・カプランが『ロボットは友だちになれるか 日本人と機械のふしぎな関係』の中で「アイボ」の構想に携わった経験を「エンタテインメント・ロボット、つまり役に立たないロボット、何らかのサービスを提供するのではなく、ただただ存在し、気に入られ、自律していることだけを役目とするロボット、そして、いつか人間がそのような機械と情動的な関係、さらに相互的な関係を築けるなどという考えは、わたしが出会った人の多くには想像もつかないものだった」と言及しているように、やはり日本の開発者との間で差異があるようにも思える。このあたりは、国や民族を超える普遍性がある「ロボットを受け入れる側の感性」とは異なるのだろうか。

開発に関しては結構偏りがあります。

あくまで私個人の考察ですが、おそらく「日本だと軍事研究ができないから、人の生活に関わるロボットが主流になっている」ということが、他国との大きな違いになっているのと感じます。アメリカは、国の研究開発予算の半分が軍事研究で、ロボットの開発目的も当然、軍事目的となる。一方の日本は、軍事研究が禁じられて「じゃあ、何をやろう？」からスタートする。結果として、防災用や産業用のロボットもあるのだけど、家庭で動くロボットが選択肢になりやすかったのではないかと思います。

結果として「高度な作業ができる」ロボットよりも、「コミュニケーション」や「親しみやすさ」を特徴とするロボットが多くつくられるようになったのは、確かに道理というものだろう。

もう一つ、あえて言うとすれば、日本の「社会的圧力の強さ」の影響ですかね。目立つのを恐れるとか、空気を読むことを要求されるとか、本音を言えない人が多いとか。

そういう社会風土から生まれる問題を手助けする方向に、ロボット開発が向かいやすかった気がします。
岡田先生の「弱いロボット」も、「掃除しろ」と言うのではなくて、ゴミを拾うことのハードルを下げるという発想がとてもユニークで、おそらくプレッシャーが強い社会だからこそ生まれてきたと思うのです。

軍事開発ができないという政治的な背景と、社会的なプレッシャーが強いという社会的な背景。この二つは、本書の企画が始まった段階でぼんやりと考えていた、日本人の世界観には八百万の神がいるからとか、アニミズムがどうとか、そういう話よりも現実感と納得感がある。

ロボットの研究開発の方向性は、アニミズム信仰があるアジアの国々でも日本と異なります。やはり、「国が何をしたいのか」によって変わってくるという見方が妥当ではないでしょうか。
むしろややこしいのは、西洋の人たちがそういう「アニミズムや八百万の神との関

連」を拾って増幅しているように感じることがあって。ドイツやフランスで講演すると、ある種のオリエンタリズムみたいなものを期待される面もたまに感じます。

少し大げさに言い換えれば、西洋の人たちは「アニミズムの国からオオサワがやってくる」「神秘的な精神の話を聞けるはずだ」と期待するということだ。

それは、あまり良くないことだと思っています。だからあえて、「私たちは同じ人間だから」みたいな話をしますね。

軍事開発ができないことや社会的なプレッシャーが強いことは、「日本の文化や民族の特徴の一部」と言えなくもない。ただ、古来から受け継がれてきた東洋的な生命観や世界観のようなものとは、やはり質の異なるものと考えるべきだろう。

日本のロボット観は特異なものなのか、また、その背景には何があるのか。大澤さんから得た答えを、一度整理してみよう。

・ロボットを受け入れる側の感性に文化差は思ったよりもなく、本書で見てきたような「役に立たないロボット」も世界に広く受け入れられる可能性がある。
・日本は、軍事開発ができなかったことや社会的なプレッシャーが強かったことが背景となり、人間の代わりに労働をするロボットとは異なる「役に立たないロボット」の開発において世界に先行しているのではないか。

筆者の解釈に誤りがないか尋ねると、大澤さんはうなずきながら言った。

家庭で活躍できるロボットを考えると、一定の条件下で使われる産業用ロボットと違って、予想外のことが次々と起こる中で使われることを想定した技術開発が重要になります。将来的には世界でも求められる技術だけど、日本で開発を進めやすいというのは、とてもいい話ですよね。

「役に立たないロボット」は世界に求められる、日本発の新産業へと成長するポテンシャルを秘めているのだ。

スペキュレイティブ・フィクション

話を「フィクションの世界のロボットについて」へと進めたい。漫画やアニメの表現として描かれるロボット（1c）が生み出す価値をどう捉えたら良いのか、大澤さんに尋ねた。

僕はSFの話をするときに「想像力の研究をしています」という言い方をします。SFには「スペキュレーション」つまり「既存のものにちょっと違った見方を与える」という役割があって、要するに、人間の想像力を喚起したり、可能性を示したりすることが重要なんです。

大澤さんはロボットの研究者であると同時に、日本SF作家クラブの会長も務めるSFの専門家だ。二〇二二年、第42回日本SF大賞を取った『大奥』（よしながふみ）が具体例に挙がる。

『大奥』は、江戸時代に疫病が流行して人口の男女比が大きく変わり、女性が将軍職になって、逆に女性ばかりだった「大奥」に男性が揃えられ、つまり男女の役割が逆

転した状態で話が進んでいきます。現実と異なる世界だと、男女の性のあり方がどう変わるか、あるいは変わらない部分はどこなのか。ＳＦにはこのような思考実験やシミュレーションのような側面があり、その「発想力」や「着眼点」が、科学的な正確性とはまた別の、ＳＦを評価する指標になることもあるんです。

ＳＦの形態として、「科学技術によって実現したという設定のフィクションの物語」だけでなく、「思考実験を行うためのフィクションの物語」も含まれるという考え方だ。前者には「サイエンス・フィクション」、後者には「スペキュレイティブ・フィクション」という言葉がある。ＳＦの定義は、大澤さんが「本気で話すと長くなるし、いろいろな異なる考え方もあります」と言うように厳密に定めることは難しく、ここでもこれ以上の深入りは避けるが、少なくとも『大奥』が「社会設定を変えることによる思考実験」の側面を持ち、その結果、人間の生き方にさまざまな示唆を与えるのは確かだろう。

ただ、大奥はロボットものではないので、私は、ロボットが登場する『ドラえもん』も思考実験と言えるのかを尋ねた。

『ドラえもん』は割と強く、そういう傾向があります。いろんな道具を使って「あんなこといいな、できたらいいな」って考える。あれはまさに「スペキュレーション」です。

また、藤子さんのパターンとして、「ドラえもん」のような異世界の存在がやってきてトラブルを引き起こすというのがありますよね。『オバQ（オバケのQ太郎）』は「オバケ」だったりしますけど、彼らは「価値観の違い」を提示しているわけです。

「スペキュレーション」『大奥』という単語が、「思考実験」『ドラえもん』へと、さらに「価値観の違い」「異世界の存在」へと変わり、イメージがクリアになっていく。

だとすれば、ギャグ漫画の『Dr.スランプ』や『究極超人あ〜る』も、「異世界の存在」であるロボットがハチャメチャに振る舞うことによって「価値観の違い」を提示し、作者が「何が起こるのか」をギャグの方向に振り切って「思考実験」して読者を楽しませているということになるのだろう。

その通りだと思いますね。鳥山 明さんも、ゆうきまさみさんもSF的な価値観の相

対化を好む人だと思いますし、「価値観の転換」はすごく含まれていますよね。『究極超人あ〜る』だったら、「ロボットとして存在するクラスメイト」みたいな感じで描かれていて、それが現実の一九八〇年代の学生生活とシームレスに接続してるのが面白さになっています。

フィクションに登場するロボットがもたらすものは、ギャグのような「刹那的な面白さ」から「感動や共感」までさまざまだが、そのいずれもが「価値観の違い」が提示された結果であり、フィクションの世界に登場する「役に立たないロボット」たちのほとんどは、思考実験のための「価値観の違い」を提示する役割を担っていると考えられるのだ。

これはフィクションのギャグ漫画だけでなく、ギャグのイベントとでもいうべき「ヘボコン」にも言えることではないだろうか。大澤さんに尋ねると、その考え方を肯定するように、硬派なロボット大会と対比させた。

ロボット研究会やロボット相撲大会は、僕が学生だった頃からありましたが、普通に真面目にやると、戦争みたいなすごく厳しい世界なんですよ。勝ち負けの軸が決まっ

ている中で、戦車みたいなロボットをつくってガチガチにやるような、ストレートな方向性にあまり先がないと感じている人も多いと思うんですよね。主催者側もいろいろ工夫してルールをつくりますし、NHKの「ロボコン」などは本当によく頑張っていると思いますけど、みんな頭が良いのでどうしても最適化されていってしまうんです。だから、「そもそも、どんな軸で勝負したいのか」から考えて、形にしていくようなロボットの大会があるとすれば、それはすごく良いことだと思います。

相撲とは関係がない「高さ」や「不気味さ」を勝手に競うような存在は、ロボット相撲にとってまさに「価値観の違い」を提示する「異世界の存在」であり、思考実験の代わりに実際に試合が行われ、観衆も巻き込みながら笑いや気づきを生み出す。ヘボコンでは参加者自身が、小さなSFの作家となり、また、ロボットの実機がある分だけ「フィクション」ではなく「当事者」として思考実験を体験しているのかもしれない。

「人間を探究するロボット」の上位目的は？

家庭用のロボットや、漫画やアニメといったフィクションの世界に存在するロボットとは少し立ち位置が異なる「探求・研究目的（1b）」のロボットについても整理してみよう。たとえば、ロボットを活用した「人間がどういう生き物なのか」の研究は、最終的に何を目指しているのだろう。人間を知ること自体に目的があるのだろうか、それとも、人間を知った先に何かを実現する（たとえば、新しいテクノロジーをつくるヒントにするなど）ことが念頭にあるのだろうか。

これは完全に研究者によると思います。私にとっては、人間は知能の表出の一つであり、その仕組みを知ることは知能研究における過程であって、必ずしも必要条件ではありません。ただし、人間は極めて高度な知能を持つ素晴らしい生き物で、その事例から学ぶことが数多くあるのも事実です。

大澤さん自身は、先に述べた二つで言えば後者の「何かを実現する」ことが根本的なモチベーションとなっているようだ。そこで今度は、「たとえば石黒さんのジェミノイドにも、工学的な上位目的を感じますか？」と尋ねてみた。

本当に人それぞれなので、石黒さんに聞かれたほうが良いとは思いますが、私の推測ではおそらく、石黒さんの興味は「人間を知る」という科学研究のほうにあるんじゃないかと思います。緻密な「ジェミノイド」をつくることによって、そこまでやらないと出てこないような「対人間への気まずさ」のようなものが拾えたりするのもすごいと思うんですよ。

ただ、それだけだと大きな予算がつかないという問題もある。それに、「人間を知る」ためには必ず「ジェミノイド」が必要かと言えば、バーチャルな環境でもできるかもしれないし、逆に、人間の動きを本当に再現するなら人体の筋肉機構とかまで模倣するべきだという考え方だってあります。そんな中で石黒さんは工学者としても、遠隔操作ロボットや、実際のレセプションや宣伝で使えるようなロボットを成果として出しているわけです。

科学と工学のそれぞれのためのストーリーや成果を出して、いろいろ理屈を組み合わせながらやってきたのがロボット研究者たちで、僕はそういうバイタリティを尊敬してます。

科学と工学の関係はロボット研究においても、必ずしも「科学の先に工学」という単純なものではない。工学につながることを絶対的な前提としない哲学的な研究も存在するし、実用的なテクノロジーの開発につなげるための科学的・哲学的な研究もあるのだろう。

大澤さんによると、大阪大学の浅田稔（みのる）教授らがはじめた「構成的発達科学」という研究があるという。

科学は通常、分析、つまり要素を分けて、それぞれを調べていくことをします。だけど人間は全部がまとまって動いていて、まとまった状態で観察しないと分からないことが結構ある。だからバラバラにして考えるのではなく、トータルを構成して考えましょう、と。たとえば、赤ん坊のロボットをつくって、最初はバラバラに動いていたものを、ハイハイができるようにしていく。そのプロセスから新しい発見をするんです。

要素還元主義ではなく、複雑なものを統合的に理解するためにロボットを活用するのだ。

まず「分かること」自体に、やはり意味があると思うんです。というのも、ここまで

できればロボットで応用するということはやりやすい。

その応用にはどんなものがあるのだろう。見かけ上の人間らしさを追究したアンドロイド「ジェミノイド」に対し、石黒さんが、見かけ上は機械でありながら複雑な動きで人間らしさを追究しようと池上高志さん（東京大学）と共同開発したアンドロイドに「機械人間オルタ」があり、その「オルタ」を中心にしたオペラ作品も上演されている。

適切な例か分からないですが、『機械人間オルタ』のオペラのパフォーマンスは、バラバラな要素から身体的な動きをつくるというのをそのままオペラに入れています。また、「エントレインメント」というようなずくような同調の動作によって人を引き込むことを研究されている方もいて。何が人を引き込むのかが分かってくると、たとえばより親しみやすいロボットとか人工物をつくっていくとか、そういう応用の可能性はいろいろありますよね。

人間に対する解像度が上がるほど、ロボットによって再現できることが増え、より違和感のないプロダクトにつながっていくということだ。

それから、「人間を知る」ということでもあるので、さっきの赤ん坊のロボットも、たとえばうまく動けない赤ちゃんがいたときにその原因を知ることにつながるかもしれません。

「探求、研究目的（1b）」のロボットの価値を整理していくと、人間にさまざまな「気づきや発見」をもたらし、その後の行動の指針となり得るという点で、これまでに取り上げてきた「役に立たないロボット」たちに通ずるものが十分にあるように思われた。

中長期的な影響を語る難しさ

話を三つ目のテーマの「役に立たないロボットが生み出す価値」に進めたい。フィクションのロボットたちが「価値観の違い」を提示する存在になっているところまでは良いが、その先の思考実験から生み出される価値は、刹那的な「笑い、面白さ」から、少しの余韻を残す「共感、感動」、何かのアクションのきっかけとなるような「勇気づけ」、さらにはその後の人生の指針となるような「新たな気づき、発見」まで多岐にわたる。

さらに、実機があるロボットから得られる価値についても、「思考実験」というよりも実体験を通じたものが多くなるが、さまざまな時間軸に乗っていることに変わりはない。「アイボ」を例に考えれば、触れ合ったユーザーがその瞬間に「かわいいな」と満足するところまでで、一つの完結した価値を提供している。しかし、乗松さんや神原さんのように故障した「アイボ」と時間をかけて向き合って、「『アイボ』の場合は修理というよりも治療なんだな」というレベルの気づきを得る人も存在する。

さて、それでは、「役に立たないロボット」が生み出す価値としては、「かわいいな」と感じて癒されるような刹那的に完結するものと、人の気づきや内面的な変化につながる中長期的なことの、どちらが重要なのだろうか。大澤さんに尋ねると、意外な言葉が返ってきた。


僕はどちらにも興味があるんですけど、長期的な価値にはほとんど言及することがないです。なぜかと言うと、評価が難しく、論文にするのが難しい。「研究としてそうなんですか、本当に？」って言われたら分からないんですよ。ロボット研究は、ロボ

ットを使ってくれる参加者を集めて一週間程度で評価することが多く、その間に生じた変化からしか誠実に言えないんです。それだけでは分からない価値があることも分かっているんですが。

「人の変容」は個人差が大きく、数値化や定量的な評価が難しく、そもそも「内面」のことなので本人でも正確に認識しづらく、さらに追跡しづらい中長期的なものでもあり、明確なエビデンスをともなって語ることが難しいのだ。

インタビューで調査したこともあるんですけど、SFやロボットから受ける影響は一人ひとり違うし、そもそも、「全員に効く」というより「一〇人に一人がめちゃくちゃ救われる」という話なので、一般論として拾い上げるのは本当に難しいと感じます。たとえば、「高齢者施設で人と同じ大きさのロボットが動く様子を披露したら、ずっと車椅子で生活していた高齢者がロボットを抱っこしようと自分の足で立ち上がった」という話が実際にあります。身体的には歩ける状態だったが、本人は歩こうとしないし、周りの人たちも歩けるとは思っていなかった。そこへロボットが現れたこと

が、その方の「やる気」というか「生きる力」を引き出したと解釈することができます。でも、これは一つのケースに過ぎないわけですし、「じゃあ、ずっと車椅子で生活している人を一〇人集めて実験しよう」というわけにもいかない。本当に難しいですよね。

この類の「人の変化、変容」には確かに、「何人かに一人くらいの割合で、大きなインパクトが表れる」という性質がある。加えてその「変化、変容」も、「再び自分の足で立つ」だけでなく、「施設に入って以来初めて笑った」とか、「その日は表向きには変化が見えなかったけど、日が経つにつれて徐々にいろいろなことに興味を持つようになった。もしかすると、ロボットを見たことがきっかけなのかもしれない」のようなものまで、いろいろなパターンが想定される。

それゆえ、薬の解熱作用や、産業用ロボットの生産効率と正確性のように、明確な評価軸を設定することは難しい。多くの人に十分な確率で作用する「再現性」や、ロボットの存在との「因果関係の立証」を求められるものではないだろう。一方で「人間の内面に変容をもたらす」こと自体がそもそも簡単なことではないし、たとえ「誰もが」ではないにしても「めちゃくちゃ救われる」ことが期待できるのであれば、それは結構すごいことではないだろうか。

だとすれば「再現性」や「明確な因果関係」を求めること自体がナンセンスではないか。異なるケーススタディがいくつも存在するほうが、ロボットが生み出し得る価値の可能性が広がり、どうやって使うかの発想も豊かになっていくと思うのだ。

大澤さんに「論文で語るのが難しいからといって、中長期的な価値が重要ではないということにはならないですよね」と確認する。

やっぱり、ちょっと間抜けでいろいろアレなロボット、あるいは「自分と異なる発想とか価値観を持つ存在」を許容できるような人間社会というのは、たぶん、より温かい社会であろうと思います。ロボットの研究者たちもおそらく、そういう視点は持っていると思うんですよ。

特に岡田先生の「弱いロボット」は、そういう視点を積極的に与えている点で「すごいな」と感じます。論文で評価しづらいところを本にまとめられたような岡田先生の生き方そのものが「研究における能力主義へのいわゆるアンチテーゼ」になっている

ようにも感じますし、世界的に意味のある話ではないかと思います。

これまでの取材で出会った人たちの言葉が頭に浮かぶ。「個体能力主義の社会を変えていきたい」(岡田さん)、「『らぼっと』の究極系は、人がより良く生きられるようになるためのライフコーチ」(林さん)、「ヘボを楽しむ人生を手に入れる」(石川さん)。彼らが志向していたのは、刹那的な「変化や反応」だけでなく、もっと中長期的な「人の変容や成長」であり、「役に立たないロボット」がそのような価値を生み出すことができる事実とさらなる可能性を、彼らがつくったロボットやイベントへの社会の反応が物語っているように感じられた。

「社会拡張」というロボットの価値

ここまでは本書のテーマに沿って「役に立たないロボット」を俯瞰的に眺めてきたが、もう少し各論的に、大澤さんの研究内容やその中で感じてきたことを聞いていく。

大澤さんの研究室では「子どもたちが自由にデザインできるロボットを小学校の図書室に配置し、『自分が面白いと思った本』をほかの子どもたちに紹介するための文章や動作をデザインしてもらう」という研究に取り組んでいる。では、子どもたちが「ロボットをつくる」ことからはどんな価値が生まれるのだろうか。

面白いと思ったのは、ロボットを置くことによって、高学年の子どもたちが低学年の子どもたちに「こうやってつくれば良いんだよ」と教え始めたところです。それから、昼休みに図書館にみんなで集まって「文章の最後はこうするのが良いんじゃない」とアイデアを出し合ったり相談したりすることもありました。

この研究はもともと、子どもたちが作品をつくって、別の子たちの反応を見たり、フィードバックを得たりすることによって、ロボットが活かされて子どもたちのコミュニケーションが活性化することを狙っていました。「つくり方を教える」は予想外の反応でしたが、結果として狙っていた効果が発揮できました。

ロボットが生み出す「間接的な効果」についても、いろいろな研究があるという。

たとえば、あるロボットと直接話したら単純な反応にすぐ飽きてしまったのに、その

ロボットと自分の親しい人が親しげに話しているのを見たらロボットに嫉妬してしまった、ということもあります。

我々が学生とやっていた研究にも「いじめをなくす」というのがあって。教室にロボットを置くことで、人間同士のネットワークに働きかけて、一人に悪意が向かわないようにすることはできないか、と考えているんです。

社会や場を変えるようにロボットを使うと、ロボットと人が直接対面するよりも人間の行動につながりやすいことがあります。私たちはこれを「人間拡張」と対比して「社会拡張」と言っています。社会拡張はロボットの現実的な使い方であり、新しくやるべきフロンティアな分野だと考えています。

人間拡張と社会拡張。前者は「テクノロジー等の手段によって人間の能力を限界以上まで拡張させる」という考え方。たとえば計算能力が高い「パーソナル・コンピューター」などはイメージしやすいし、これまで述べてきたロボットによる人の変容もそれが個人に収まるのであれば人間拡張の範疇だ。対する後者の社会拡張は「テクノロジー等の手段によって、社会をより高機能で好ましい方向に変えていくこと」と考えれば良いだろう。インターネットは社会拡張の分かりやすい例であり、複数の人の関係性が変わるのだ。ロボットによる社会拡張は、具体的にどのようなケースが考えられるのだろう。

たとえば、バンダイの「プリモプエル」のようなしゃべるロボットをお年寄りがいる場に置いておきます。あらかじめ決められた単純な言葉がランダムに発せられるだけで、接する側のお年寄りもそれに気づいているのですが、どこかで「いま何時？」「六時だよ」みたいな会話が発生すると、周りにいる人たちがそれをきっかけに会話を始めたり、加わったりするんです。

それから、僕は将来的に「学校の教室に一台ロボットがいる」こともあり得るだろうし、それは先生役ではないと思うんです。むしろ先生を助ける存在として、子どもたちの様子を常に見ながら「ちょっとあの子のケアが必要かもしれないです」と伝えてくれたり、逆に子どもたちに「もっとこうしたほうが良いんじゃない」と働きかけたりしたら、クラス運営が円滑になるのではないかと思うんです。

筑波大学の田中（文英）先生が取り組んでいる、教室に生徒役のロボットを置いておくという研究でも、教わった英語をうまく話せないロボットを見た生徒たちが一生懸

命に「apple」と繰り返して教えてあげるんですよね。人間はやっぱり一人で生きているわけではないので、複数の人間がいるときにロボットが話しかけたり働きかけたりすることで、場がどう回るのかというのが大切だと思っています。工学の研究としてはリスクも含めてしっかりと評価して、良い方向のものを用意していきたいですね。

話が自身の研究に近づいたためか、冷静だった大澤さんの口調に熱がこもってきたように感じる。

根源的には「知能の科学」に興味があるんです。「社会的な知能」つまり、他人の意図を読みとったり、協調したりするときに、どんなことが起こっているのか。それを分析して、再現することですね。「知能の研究」は研究課題として個人的に興味があるし、それだけではなくて、人々を活性化させるために応用することもできるし、社会に求められる産業にもなると思っています。

長期的に考えれば、これまでは動物のペットしか考えられなかった人間社会の「コン

パニオンアニマル」としてロボットが入り込んでいき、人間が付き合うようになっていく。ロボットは、話しやすい存在になったり、何かを先にやってくれたり、時には人間の代わりに失敗してくれたりと、動物にはできないことができる。それによって社会が良い方向に進むのが理想だと思いますし、実際に社会はそうなっていくんじゃないかと思っています。

「一対一」の関係にとらわれないようにすることで、人の代わりに労働に従事するのではない「役に立たないロボット」が生み出す価値の可能性が、一気に広がるように感じられた。

テクノロジーのあり方にも「変容」をもたらすか?

さて、「役に立たないロボット」がもたらす変化や変容が目の前の人だけにとどまらないのだとすると、その対象は「テクノロジーのあり方」にも及ぶのだろうか。高度化するテクノロジーに対して「もっと人に寄り添うべきではないか」という意見を耳にし、テクノロジー自体が「弱いロボット」のように弱みを見せて親しみやすさを演出したり、あるいは高度なテクノロジーと人間を仲介して社会拡張をもたらす擬人的なロボットを開発したりすることも、一つの方向性としてあり得るように感じたのだ。

ユーザーインターフェースの問題としての側面が大きいとも思いながら大澤さんに尋ねると、予想外の答えが返ってきた。

僕個人の感覚では、むしろ逆だと思っています。「テクノロジーが人間に合わせて動くべき」という考え方はすでに強くあって、いろんなことを先回りするんですが、あまり強く擬人化されたりすると、人間が逆に騙(だま)されている感じになるからです。内側で機械が動いていることと、見ている人の認識にギャップがどうしてもあって、「やっぱり人を騙しているのではないか」という感覚はロボットの研究者にも割と強くあるんです。ペット型のロボットのユーザーから「私が帰ってくると、いつも〝おかえり〟という顔で見てくれるんです」と言われても、そんな機能はなく、想定以上に擬人化されることへの危うさを感じます。

そういう意味では岡田先生は、機能を誠実に可能な限り落としていって「それでも人間の行動を引き出せるならいいじゃないか」というところに落ち着いたのは、すごい

パラダイムシフトではないでしょうか。

これまでの取材で、「アイボ」の修理や供養をお願いする人たちや、「らぼっと」を心からかわいがっている人たちが、自らの持つ機体を唯一無二の替えが利かない存在と考えていたことが思い出される。強い愛着を抱いたロボットが修理不能なほど故障した場合には、どのようなケアが考えられるのか。大澤さんに尋ねると、「すごく難しい問題なんですが」と、いくつかの考え方を紹介してくれた。

まず、そもそも親密なロボットシステムに関しては「設計者が相応の責任を負うべきだ」という考え方が原則です。その責任が負えないのなら、そもそもつくるべきではない、ロボットをあまり親密なところに置くべきではない、という提案も極端ですがあります。

「責任を負う」というのはまず、「しっかりと修理できる体制まで含めて整えておく」というのが第一になるだろう。しかし、すべてのロボットに対して永遠に修理可能な体制を維持するのは、現実的に不可能でもある。直せないケースでは、どんなことが考えられるのだろうか。

ただ別の機体を提供するのではなく、「ちゃんと受け継いだんだよ」ということを何らかの形で演出することも考えられます。それでもどうにもならない場合は、残った人の気持ちに区切りをつけるための「お葬式」をやるのも重要だと思います。ある種の「保険」でそこまでカバーしても良いかもしれませんね。

いずれにしても、つくり手が「何も考えない」というのは、そろそろ許されなくなりつつあると思っています。

「役に立たないロボット」は労働によってではなく、人間の心や感情に作用することによって変化や変容をもたらす存在である。感情を投影しやすく親しみやすいロボットを開発するほど効果も大きくなりやすいが、それだけではなく「あくまでロボットである」としっかり認識させたうえで、それでも十分な効果を発揮できるようなバランスを取っていくことが、目の前の人を幸せにするうえで重要になってくるのかもしれない。

大澤さんへの取材では、「ロボット」という言葉とその定義についても再整理がなされた。

ロボットとエージェント

僕は、研究的な視点では「ロボット」って言うのをやめているんです。「ロボット」というワードは、社会的にも分かりやすいし、学生のやる気を引き出す力もあります。でも、定義があまり明確ではない。だから学生たちにも、自分の研究を「ロボット」という言葉を使わないで説明するように言っています。

「ロボット」の代わりとなる具体的な言葉として、大澤さんは「エージェント・インタラクション」という表現を使っている。

「エージェント」は、「社会的な意図を持って振る舞っているように見えるもの」のすべてを指すので、一般的に「ロボット」と言われるものにも該当するものがありますし、バーチャルのエージェントというのもありますね。逆に、他者が操作しているこ

とが明らかな道具は、「社会的な意図を持って振る舞っている」ようには見えないので、エージェントには含まれません。意図があるように人に感じさせるものを、社会にどう配置するのか、そして人間社会をどのようにうまく回すのか。研究では、それをすごく意識していますね。

先に述べたような「社会拡張」の一つの方法として、「人の内面や行動の変化、変容を促す」というアプローチがある。大澤さんはそのために、「意図があるように感じさせる存在」を研究対象とし、「エージェント」という言葉で明確に定義しているのだ。

本書で取り上げてきた「役に立たないロボット」もその多くが、意図があるように感じさせる振る舞いを通じて、笑いや癒しや、内面の変化、変容をもたらす存在であることを踏まえると、「実機があるか否か」を強く感じさせる「ロボット」という言葉よりも、「エージェント」に相当すると考えるほうが正確かもしれない。

大澤さんとの話では、全体を見渡すような俯瞰的な視点から、さまざまな「役に立たないロボット」の存在を整理することができた。軍事開発の可否から生じる日本と欧米のロボット開発の方向性の違い、思考実験をもたらすという漫画やアニメなどのフィクションのロボットの存在意義、科学的な探求を目的としたロボットがもたらす価値、人の内面への作用についての科学的な評価の難しさ、ロボットが目の前の人以外に間接的にもたらす影響と社会拡張、人の内面に影響を与えるロボットを開発していくうえでの責任。次の終章ではこれらを踏まえ、役に立たないロボットが生み出している価値と未来への可能性をまとめていきたい。

第七章

「役に立たないロボット」は本当に役に立たないのか？

問いの再確認

人間の代わりに作業や労働に従事するわけではない「役に立たないロボット」は、社会にどのような影響を与える存在なのだろうか。第一章で整理した「役に立たないロボット」の「存在形態」、「役に立たないと感じさせる要素」、問いに立ち返り考察をまとめよう。

第一章ではまず、ロボットの存在形態を、「現実世界に動く機械の身体が存在するか否か」「個人が日常生活で使用することができるか否か」の二軸で考えた。このうちで、取材を進めていく中で考察対象となったのは主に、

①現実世界に動く機械の身体があり、個人が日常生活で使用できる「プロダクト」（「らぼっと」、「アイボ」など）

②現実世界に動く機械の身体があるが、個人が日常生活では使用できない「デモンストレーション」（「弱いロボット」、「ヘボコン」の個々のロボットなど）

③現実世界に動く機械の身体がなく、個人が日常生活で使用できない「フィクション」（「ドラえもん」、「アラレちゃん」など）

――の三形態であった（個人が日常生活で利用できるものの、動く機械の身体がない「非ロボット」〈初音ミクや、ロボット玩具〉は、「ロボット」として認識されることが少ないこともあり、最終的な考

察対象からははずすことにした)。

また、ロボットが「役に立たないと感じさせる要素」は、存在目的(1aコミュニケーション・ロボット、1b探求・研究目的、1c表現・発信・アート)、機能・動作(2a機能が不十分、2b動作が不確実・想定外)、印象・外見(3aポンコツ・古い、3bゆるい・かわいい)と整理された。

そして本書はこれらの「存在形態」と「役に立たないと感じさせる要素」を踏まえ、以下のような問いを念頭に取材を進めてきた。

- **「役に立たないロボット」は、どういう背景や経緯で生まれて(描かれて、つくられて)きたのだろう?**
- **「役に立たないロボット」は、「役に立たない」ことによって、どのような価値をもたらしているのだろう?**
- **「役に立たないロボット」は、これからの社会をどのように変えていく可能性があるのだろう?**
- **「役に立たないロボット」がもたらす価値は、「存在形態」や「役に立たないと感じさせる要素」とどのように関係しているのだろうか?**

・「役に立たないロボット」に対する感覚には、どのような日本（もしくは東洋）ならではの要素があるのだろうか？

まずは「役に立たないロボット」が描かれ、つくられるようになった経緯を、日本の特異性と併せて考察したい。対応する問いは次の二つだ。

「役に立たないロボット」は、どういう背景や経緯で生まれて（描かれて、つくられて）きたのだろう？

「役に立たないロボット」に対する感覚には、どのような日本（もしくは東洋）ならではの要素があるのだろうか？

「役に立たないロボット」は、なぜ日本に多いのか？

日本では近年、さまざまな「（人間の代わりに仕事をしない）役に立たないロボット」が現実的な機械のプロダクトとしてつくられるようになっている。その動きは世界的に広まりつつあるが、ハード、ソフト両面で、日本は一歩先を進んでいる。

実機のロボットが多くつくられるようになった背景に、「ドラえもん」のような友だちの立ち位置でロボットが登場するフィクション作品の存在があると考えるのは、「らぼっと」をリリースした林さんが「友だちのようなロボットを見る機会が小さい頃から多かった影響は大きいでしょうね」と言っていたことからも妥当だろう。

現代の「役に立たないロボット」の開発者たちは、戦後無数に生み出されてきた、漫画やアニメに登場する架空の「役に立たないロボット」たちの影響を受けているのだ。

また、日本が「役に立たないロボット」の開発に必要な技術や感性を蓄積できた背景には、戦後の日本でロボットによる軍事開発が事実上できなかったことや、当の漫画・アニメの表現の規制がそれほど強くなかったことも関係しているだろう。特に、ギャグのような描写については、破壊的なシーンも許容されるなど、自由度が高かったのだ。

アメリカを比較対象として見てみると、一九五四年に「コミック倫理規制委員会(Comic Code Authority)」が発足し、フィクションにおいて暴力や犯罪を想起させる描写、スラングのような言い回し、政府や親、家庭を軽視するもの、ゾンビ等のさまざまな表現が制限されている(二〇一一年までに段階的に廃止)。いわゆる「スーパーヒーローもの」以外をモチーフにした主人公が描かれにくい状況だったのだ。

ただ、これらの要素だけでは、「日本には昔から、なぜロボットが騒動を巻き起こすような話が次々と生まれてきたのか?」という疑問に対する十分な解答とも言い難い。

既存の文献資料では、さまざまな「仮説」も立てられている。

遠藤 薫は『ロボットが家にやってきたら…』（岩波ジュニア新書 二〇一八年）で、欧米と日本における人工物の社会的位置づけの違いが生じた背景について、世界観（宗教観）の違いを挙げている。日本では神、人間、人工物のすべてが「モノ」という言葉で表現されることから、この三者が対立ではなく共存・共生している。欧米の、全てに超越した神と、神に造られた人間、さらに人間につくられた人工物が存在する世界観と異なるのだ。そのため、欧米が時間を計測する時計から自動人形を発展させていったのと異なり、日本では古くから人間と神の対話を促す媒介者としての「からくり人形」がつくられた、という考え方だ。

フランス・パリ出身で「アイボ」の構想・開発に関わったエンジニアのフレデリック・カプランも著書『ロボットは友だちになれるか 日本人と機械のふしぎな関係』の中で、むしろ西洋人のほうが「啓蒙（けいもう）主義の哲学者たちによって、（中略）他の文化とは異なった歩みを取るようになった」としている。「人間が特権的な位置にいるという考え」を守るために、自然と人工物、生物と非生物、人間と人間以外などを明確に区別するようになった一八世紀を、類似性と類比関係の中で生きてきた古代と対比させて「区別と差異の時代」といい、その影響で今もなお、「自然と人工的なものを区別する必要に囚われ」「人間にしかできないと考えていたことのできる機械の登場を恐れている」「人間観が変更されるのを恐れている」と分析する。逆に日本のような文化は「啓蒙主義の『光』が訪れなかった」ために「文化と自然を連続させる関係を織り上げていくことができた」「テクノロジーの進歩が生み出す人工物は、歓迎され、冷静に受け止められてきた」というのだ。

また、瀬名秀明も『ロボット学論集』の中で、「なぜ日本人はロボットが好きなのか?」についてさまざまな視点から考察している。「アトムや鉄人28号がいたからだ、（中略）一部のロボット学者や人工知能（AI）学者が子ども時代にそれらの作品に親しみ、ロボットへの夢を育んだ」「昔から八百万（やおよろず）の神を信仰し、草木にも心が宿るという考え方に馴染んできた」という類の説を、「マスメディアがそういった発言を好んで取り上げた」として疑問を呈し、「日本だけがロボットを好むという前提そのものが間違っている可能性すらある」ともしている。さらに、日本が欧米と異なり、軍事開発から切り離されてロボット開発が進んでいることに触れたうえで、「楽しいから、おもしろいからロボットを開発するのだというメンタリティを重視したほうが人間らしいと思えるのだ。（中略）日本ならそれが可能であると私は思う」とする。その理由として「日本語という言語」を挙げ、

「英語的な『mind』よりも曖昧で、しかし豊かなニュアンスを持つ日本語の『心』を抱く私たち日本社会のあり方」としている。

あるいは、日本のキャラクター文化について論じた『キャラクター・パワー　ゆるキャラから国家ブランディングまで』（青木貞茂　NHK出版新書　二〇一四年）にも、「日本人には『不完全』を好むという特徴がある」という興味深い考察がある。日本は欧米と比べて「大人と子供の境界線」が曖昧であり、「日本では大人になっても子供の部分を持つことは、裏では容認されてきた」、「欧米ならば、子供でもすこし大きくなれば見向きもしないような遊びに、日本では大人と子供が一緒になって夢中になっている」というのだ。青木はそのような日本人独特の精神構造の要因を江戸時代の二六〇年にわたる平和だとして、「ほぼ単一民族の国家幻想を守ることができた。そのため、他国と異なり大人も子供でいられたと考えられます」と述べ、さらに「子供向けの少年漫画誌に掲載される漫画が、かなり高度な思想的表現を持つことができた」「子供のような発想を持ったまま、クリエーターとして制作にかかわれる」と、そのメリットをまとめている。

どの説も、それなりの論理性と説得力がある。そして、明確なエビデンスやデータを用いて立証することが極めて難しいテーマでもある。

「これが正解」ではなく「全部あったから」

筆者は、これらのすべてが当たっているし、同時に、それ単独では答えとして不十分なのではないかと考えている。言い方を変えれば、日本では家族や友だちのような立ち位置のロボットが他国よりも早く、たくさん描かれるようになったのは、「これらの要素が全て揃っていたから」だと思うのだ。

たとえば、こんなふうに想像してみることはできないか。

戦後から高度経済成長期にかけての日本。人々を明るい気持ちにするような大衆の娯楽が必要とされた。漫画においても、政治風刺漫画やプロパガンダが主流だった戦前や戦中と異なり、「笑い」や「面白さ」つまりはギャグやストーリーが求められた。

幸いなことに日本の作家たちは、大人の作家としての深くて高度な思考や思想に加え、夢中で遊びに興じる子どものような心を兼ね備えており、発想がとりわけ豊かだった。表現やストーリーを限定するような規制も日本にはほとんどなかった。

こうした特殊で稀（まれ）な状況と豊かな発想を活かして、面白い話を描こうとすると、読み手の予想を裏切るような言動をとったり、現実とは異なる世界を演出したりする、「価値観の転換」をもたらすキャラクターが必要になってくる。効果的な手法の一つとして、人間ではないキャラクターを登場させ、人間には絶対できないような言動をとらせることが考えられた。

日本の作家たちはここで、「ロボット」を選択肢とすることができた。なぜなら、西洋の人たちと異なり、「自然と人工物を、あるいは生物と非生物を区別すること」にも「人間がつくった機械が人間に従順であること」にも、囚われることがなかったからだ。アジアに通じる「アニミズム」や「八百万の神」といった考え方に親しんできた感覚はむしろ、人間の暮らしの中に友だちのようなポジションで存在するロボットを描くことを後押ししてくれた。

「人間ではないキャラクター」は必ずしもロボットである必要はなく、動物をモチーフにしたり、妖怪やオバケ、宇宙人を登場させても良い。ただ、ロボットは「設定の自由度」という点で大きなアドバンテージがある。見た目が人間そっくりで超人的な能力を持つ存在から、人工物っぽさやポンコツな様相が前面に出た存在まで、自由に都合よく登場させることができるのだ。人間であれば違法行為にあたる行動をとらせておきながら、罰則や責任問題を回避しやすいメリットもあった。

そのうえ、現実味がゼロにならないという特徴もある。たとえば、言語で人間と会話できるような存在を考えたときに、ロボットは動物やオバケと異なり、「もしかしたら、科学技術が進歩した未来には、あり得ない話ではないのかもしれないな」という印象を与えることができるのだ。

結果としてロボットは、「価値観の転換」をもたらすキャラクターとして多く描かれるようになり、作品が増えるにつれて、ロボットが発揮しうる役割や機能も多様化する。ギャグにとどまらず、社会的な問題提起やメッセージを内包したストーリーにおいてロボットが重要な役割を担う描写も増えていった。

結果として、家庭用ロボットの開発における先行的な「思考実験」としての意味を持った。軍事開発から切り離されてロボット開発が進み始めたことも相まって、ロボット技術者が幼少期にフィクションを通じて半ば無意識的に繰り返してきた「思考実験」が少なからず活かされ、日本は家庭用ロボットの開発において世界をリードするまでになったのだ。

あくまで想像ではあるけれど、一つの考察としてはどうだろうか。

現実の歴史と照らし合わせれば、手塚治虫やトキワ荘に集まった漫画家たちの影響はもちろん無視できないものだ。もしも仮に、手塚治虫やトキワ荘が存在しなかったら、日本の「役に立たないロボット」は異なる展開になったかもしれない。

とは言え、ここで述べた考察は決して、現実の歴史と矛盾するものではないはずだ。むしろ、日本にここで挙げたような条件が揃っていたことを踏まえると、この国で「役に立たないロボット」たちが描かれてきたのは、「日本人がロボットが好きだから」というよりも、「作家にとってロボットという存在が有用で便利だったから」であり、一種の「必然性」があったようにも感じられる。

ユーザー側の感性は、人類に普遍的

一方で、今後の「役に立たないロボット」の可能性を考えるためには、日本の特異性にはあまりこだわりすぎないほうがよさそうだ。

まず、現代社会は情報の多チャンネル化や娯楽の多様化が進み、社会においても価値観の多様性が認められ、個々人が興味があるものの情報を集めたり、好きなものを購入したりしやすい社会になってきている。ライフスタイルも文化も商品も、個々人が「良い」「好きだ」と思ったものは自国のものであるか否かにかかわらず、容易に取り入れることができるのだ。

ロボットもその例外ではないから、国や地域で一括りにして「日本人は友だちのようなロボットが好きで、欧米人は機能に優れたロボットや強いヒーローのロボットが好きだ」と考えるよりも、「日本人にも、機能に優れたロボットや強いロボットを求める人はいるし、ロボット自体を好きでない人もいる。同じように、欧米人にも友だちのようなロボットを購入したい人や、愛着を持って接する人はいる」と考えるほうが実態に近いだろう。
また、「ヘボコン」が海外に広まっていることも、価値観や感性の差を国や地域の違いだけに求めるべきでないことの証左と言える。

ヘボコンが海外に広まっていったとき、主催者の方にはほとんど説明をしなくてもヘボコンの趣旨が理解されていたんです。（石川大樹さん）

ヘボコンはロボットを「使う」というよりも「つくる」側に立つイベントではあるけれど、参加者はロボットのエンジニアや開発者ではないという意味では一般人である。「思い通りに動かないロボットをギャグとして楽しむ」「ヘボを楽しめるようになることで、いろいろなことに挑戦しやすくなる」という考え方に強い共感を覚える人が、香港や欧米にも確かに存在するのだ。

ロボットと接する側・使う側の感性は、描く側・つくる側の感性が日本に特徴的だったのと異なり、どちらかと言えば「広い世界にある程度共通しそうだ」ということが繰り返し示唆されてきた。

ロボットと接する側に、洋の東西に違いはほとんどないと言われています。（大澤博隆さん）

正直に言えば、「らぼっと」を海外のどこへ持っていっても、特に女性や子どもの反応は変わらない。（林 要さん）

端的に言えば、生き物のようなロボットに愛着を持ったり、かわいいと思って受け入れたり、心を通わせようとしたりするのは、本質的には人類に普遍的な感性であるということだ。だとすれば、「役に立たないロボット」の市場は、日本に閉じたものではなく、潜在的に全世界に広がっていることになる。

そして林さんが言うように、日本が家庭用ロボットの開発において、ハード・ソフト・

クリエイティブの三つを揃えていることを踏まえると、「役に立たないロボット」は日本発の新産業へと成長することが期待できることになる。

「役に立たないこと」と「ロボットの価値」

続いて、次の問いについて考えてみよう。

- **「役に立たないロボット」は、「役に立たない」ことによって、どのような価値をもたらしているのだろう？**

ただし、この問いはややナンセンスであった。役に立たないロボットたちが生み出す価値の多くは、「役に立たないことによって」もたらされているのではなく、「人の代わりに仕事や労働をする」とは別の具体的な価値をもたらすために設計された結果、「役に立つ」ことが必要とされなかったり、むしろ弊害になってしまうと考えられたりして、「役に立たないロボット」になったからである。

そこで、前述の問いをシンプルにあらため、関連する問いと合わせて考えることにする。

・「役に立たないロボット」は、どのような価値をもたらしているのだろう？
・「役に立たないロボット」がもたらす価値は、「存在形態」や「役に立たないと感じさせる要素」とどのように関係しているのだろうか？

まず「役に立たないロボット」がもたらす価値は、それが漫画やアニメの存在であれ、実機が存在するものであれ、「人の精神状態（心理状態、知識、思考、行動原理等）に変化、変容をもたらす」という言葉に集約できるのではないだろうか。仕事をする元来のロボットが物理的な動作で人の役に立つことに対し、「役に立たないロボット」は人の内面的な心理状態や思考、思想などに変化をもたらすのだ。

ただし、「精神状態の変化、変容」の内容は多岐にわたり、刹那的な「笑い、面白さ」から、少しの余韻を残す「共感、感動」、あるいはその後の人生の指針となるような「新たな気づき、発見」や「行動指針の変容」まで、さまざまな時間スケールに乗っている。また、その価値はロボットと直接触れ合った人だけでなく周囲の第三者に波及していくこともあり、社会における人と人の関係性を変えていくことにもつながっていく。

その変化の具体的な方向性は本章の後半で詳しく言及することにして、先に、この価値と「存在形態」や「役に立たないと感じさせる要素」の関連を整理したい。

弱いロボットの岡田さんや、「らぼっと」の林さんの話から明らかになったのは、ロボットの実機をつくるうえでの、人のロボットに対する「期待値」を調節することの重要性。「高い機能を期待され、それに応えられず、がっかりさせてしまう」というパターンは、ロボットが価値を発揮するためには避けなくてはならないのだ。予想外のことが次々と起こる家庭環境で「仕事ができる」ロボットの開発は容易ではなく、「らぼっと」や「アイボ」のような非言語での「コミュニケーション」に特化したロボットがつくられるようになったのは道理である。さらに、「弱いロボット」の頼りない見た目（3a）や、「らぼっと」のかわいらしい見た目（3b）も、接する人の期待値を調整しながら関係性を持ちやすくする役割を担っていた。

他方、個人が日常では利用できない「フィクション」や「デモンストレーション」のロボットは、その目的も「1b探求、研究目的」や「1c表現、発信、アート」と位置づけられる。大澤さんの言葉を借りれば「スペキュレーション」「思考実験」であり、描かれ、つくられるロボットが有する「役に立たないと感じさせる要素」も、「異なる価値観の提示」

を通じた「気づき、発見」などにつながっていると考えられるだろう。

たとえば、「1c表現、発信、アート」の一つのパターンに、ロボットがトラブルや騒動を巻き起こすギャグ漫画がある。この多くは、「2b動作が不確実、想定外」なロボットが、刹那的な「笑い、面白さ」をもたらす意図で、あるいは社会の常識や通念に一石を投じる意図で描かれている。ロボットは現実社会の常識では考えられないような行動を起こすことができるからこそ、面白いギャグや、「価値観の転換」の素材となるのだ。

また、「デモンストレーション」に位置づけられる岡田さんの「弱いロボット」や石川さんの「ヘボコン」は、「思考実験」としての要素を強く持ちながら、「2a機能が不十分」「2b動作が不確実、想定外」等の「役に立たない」こと自体にフォーカスして積極的な意味を見出していることも特徴的だった。これは、「役に立つこと＝良いこと」という社会通念を否定するとまではいかずとも、「役に立つこと」が過度に求められることへの違和感を覚えている人たちが社会に存在し、「役に立たないロボット」は問題提起するうえでの象徴的な材料となっているのだと理解できた。

役に立たないロボットが価値を生み出すプロセスにはさまざまなパターンがあるが、あらためて表にまとめると、これらのすべてが「人の精神状態（心理状態、知識、思考、行動原

「役に立たないと感じさせる要素」がもたらす価値

1. ロボットの存在目的	
「役に立たないと感じさせる要素」	その要素がもたらす価値
1a. コミュニケーション・ロボット	・「仕事をするロボット」よりも期待値ギャップを回避しやすい ・人との精神的なつながりをつくりやすい
1b. 探求、研究目的	・思考実験や実証実験の材料となる ・気づきや発見、学びの材料となる
1c. 表現、発信、アート	・思考実験や実証実験の材料となる ・刹那的な笑いや、価値観の転換機会をもたらす
2. ロボットの機能、動作	
「役に立たないと感じさせる要素」	その要素がもたらす価値
2a. 機能が不十分	・機能が多いロボットよりも期待値ギャップを回避しやすい ・人が関わる余白となり、人と関係を深めることにつながる ・完全、完璧ではないものを許容する価値変容の機会となる
2b. 動作が不確実、想定外	・完全、完璧ではないものを許容する価値変容の機会となる ・改良方法や対応を考えることによる学習や知的遊戯の機会となる ・ロボットに意思や感情があると感じさせる ・非現実的な言動によって「異なる価値観」を提示し、笑いや価値変容の機会となる
3. ロボットの印象、外見	
「役に立たないと感じさせる要素」	その要素がもたらす価値
3a. ポンコツ、古い	・期待値ギャップの回避や軽減につながる
3b. ゆるい、かわいい	・期待値ギャップの回避や軽減につながる ・愛着形成を助ける

理等）に変化、変容をもたらす」ことにつながっていると考えられた。

媒介者、ロールモデル、つくられる対象

さて、これから「役に立たないロボット」は、社会においてどのような役割を果たし、どのような未来をつくっていくのだろうか。

「人の精神状態（心理状態、知識、思考、行動原理等）に変化、変容をもたらす」というロボットの具体的な社会実装は、シンプルにロボットと人の一対一の関係で考えることもできるかもしれない。ただ本書の取材では、「らぼっと」を題材にした小学校でのプログラミング教室や、人が集まって開催する「ヘボコン」など、ロボットがいる場を複数人で共有することによる価値も目立った。

そこでまずは、人と人の関係や、集団の雰囲気を良くしてくれるような「社会拡張」のロボットを考えてみたい。学校の教室や職場に、どんなロボットがいたら人間関係が良くなったり、困っていることが解決されたりするのかを考えてみたい。

たとえば、学校の授業においてロボットが、分かりにくいところや間違いやすいところを質問したり、一つひとつ丁寧に確認を取りながら理解していくプロセスを見せたりすれ

ば、学習のナビゲーターとしての役割を果たすことができる。大半の生徒が理解していることをロボットがあえて分からないように振る舞うことによって、授業で教わった内容を理解した生徒がロボットに対して教える機会がつくられるようになる。生徒自身の反復学習となり、学習内容の定着につながるのだ。

職場でみんなが疲れてくる時間に合わせて、調子を悪くしたり「疲れたな〜」なんて呟いたりするロボットも面白い。殺伐とした雰囲気の中で、なかなか言い出せなかった「ちょっと休みたい」を代弁してもらえて助かる人がいたり、ちょっとおせっかいな人がロボットをあやす場面が生まれて場が和んだり、やがては「ちょっと休もうよ」を誰からでも言いやすい職場になっていくことだって考えられる。

また、ロボットは動作するときだけでなく、「つくられる対象」として価値を発揮することもある。林さんが話してくれた、小学校で開かれた「らぼっと」を使ってのプログラミング教室や、大澤さんが研究の一環で小学校で行った「自分が面白いと思った本を紹介するロボットをつくる」という取り組みは、どちらも単なるプログラミング学習の教材としてだけでなく、他人の考えを取り込んで組み合わせていく「モブプロ」や、高学年の生徒が低学年の生徒に教える機会にもなり、人と人の関係を深める「社会拡張」の一翼を担っていた。

ロボットの「つくられる対象」としての価値は、ロボットと人との一対一の関係においても分かりやすい。「ヘボコン」でも、ギャグとしての面白さにとどまらず、人間の内面における「ヘボを楽しむ」という価値観の更新や、「つくりたい」という欲求を原動力に知識や技術を習得する学習サイクルの獲得に至っているケースが認められた。

近い将来、ロボットを試行錯誤しながら「つくる」ことが一般の人にも当たり前のことになるかと言えば、教育現場を除いては容易に想像しにくいのが正直なところだ。しかしだからこそ、「こういうロボットをつくろう」という正解がある教材ではなく、創造性豊かに自由にいろいろなことを試みることができ、ともすれば意図とは異なる変な動きをするロボットが出来上がってしまうような教材や機会があっても良いように思う。

そして「役に立たないロボット」がこれから発揮する最も大きな役割は、私たちの新しい生き方や考え方を実践的に示してくれる、ロールモデルとしての側面ではないかと思う。ロボットが人に甘えたり、弱みを見せたりしても、周りが結果的に和んだり、意気に感じたり、幸せになったりする場面を見せていくことによって、接する人に「もっと甘えたり、弱みを見せたりしても良いんだな」「同じように他人を頼るにしても、こうすれば自分にとっても相手にとっても幸せな形になるんだ」と感じさせるのだ。

「らぼっと」を開発した林さんが、「人の成長にコミットするライフコーチ」という言葉を使っていた。かわいがられる対象として優しさを引き出す「らぼっと」のようなロボットや、成長に必要な知識や情報を提供する先生役のロボットも、その一つの形ではあるだろう。そして、本質的な意味での「人の成長」は、もっと内面的な価値観や行動指針が変わっていくことだとも言える。それは、ロボットに優しさを引き出される積み重ねによって起こるのかもしれないが、お手本となるロボットが身近に存在することで引き起こされる可能性も十分に考えられるのだ。

ロボットの生き方から、何かを吸収してみよう

最後に、「役に立たないロボット」は今後、日本や世界でより一層求められるようになるのかを考えてみたい。

個人的に、その答えはＹｅｓであると考えている。もう少し正確に言えば、ニーズがどこまで顕在化するかは分からないものの、これからの時代には「役に立たないロボット」のような存在が大きな役割を果たすと考えているのだ。

取材の中で、「個体能力主義」や「失敗してはいけない」への言及があったのはその一例だ。

現代社会は個体能力主義や自己責任論が強いですよね。「一人でできるもん」が良いこととされていて。でも現代は、心が折れてしまいやすい世界とも言われる。

(中略)

江戸時代は、裸一貫で飛び込んでも、周りで支え合えるような、もっと豊穣な社会があったはずなのに、どうしてこうなったんでしょうね。明治時代あたりの教科書に「人に頼ってはいけない」「一人でやる」「迷惑かけるな」とでも書いてあったのですかね。(岡田美智男さん)

「うまくやらなきゃいけない」っていう、呪縛と言えば大げさかもしれないけれど、そんな意識から解放されることによって、新しいことでも悩まずに、怖がらずに、始めやすくなるんじゃないですかね。(石川大樹さん)

現代社会の生活を思い浮かべてみれば、仕事を効率的に進め、道具を有効に使って時短し、困り事も自分で調べて解決する。「なるべく他者を頼らず、失敗せず、無駄なく効率的に生きること」は、一般的な価値観なら良いことだとされるだろう。それを否定するつもりはないし、過度の甘えや依存が正当化されては良くないが、時には「一般的に良い」「常識」とされる考え方を少し疑ってみたり、極端になり過ぎていないか見直したり、異なる生き方に触れてみたりすることも大切ではないか。

大澤さんが言っていた「スペキュレーション」、つまり「既存のものにちょっと違った見方を与える」存在が必要なのだ。そのためには、たとえばまったく異なる文化圏に旅行をしても良いだろうけれど、ロボットにその役割を求めれば、私たちの日常生活の中に入ってきて、かつ、インタラクティブに働きかけることができるという点で、より大きな影響力を持つかもしれない。

ロボットたちが提示し得る「価値観や生き方」は、必ずしも「効率を求めない」「他者を適切に頼る」といった方向である必要はなく、時代の変化に応じて変わっていくこともできる。ただ、既存のテクノロジーの多くが基本的に、効率を高めたり他者を頼る必要性を下げたりするものであるからこそ、その対をなすように、より哲学的に生き方を問いかけるようなロボットが存在し続けることに意味があるようにも思える。

これまで、それこそ「ドラえもん」のような存在がフィクションの形態で発信してきた役割を、実機としてのロボットが日常生活の中で果たしていく。日本に限らない世界中で、そんな場面が増えていっても不思議ではないと思うのだ。

「役に立たないロボット」は人に対して何を提供しているのか？　産業用ロボットが「生産的な作業」を提供する代わりに、コミュニケーションや面白さを提供しているだけではないのか？——という疑問を、筆者はこの本の執筆当初に持っていた。

しかし、取材が進むにつれ、「ロボットが人に何かを与える」という構図の捉え方が、そもそも適切ではなかったことに気づく。「役に立たないロボット」は、人と人の関係に作用したり、つくられる対象となったり、思考実験のきっかけとなったり、生き方のお手本を示したりすることができるからだ。場合によっては、それらが相互作用を果たすことも想像に難くない。そこから生み出される価値は、作業をするロボットのように短時間で完結する分かりやすいものばかりではなく、もっと長い時間をかけて少しずつ、接する人の内面や行動を変えていくものである。

そんな新しいロボットのあり方が、日本発の新産業として具現化されていくことを期待したい。

そして、読者諸氏もいま一度、ロボットを「便利な道具」という側面からだけでなく、「つくる対象」あるいは「見倣う対象」として見てみてはいかがだろう。ロボットの振る舞い方から自分自身が真似をしてみたいこと、見倣ってみたいこと、試してみたいことを探してみると、毎日の生活やこれからの人生をちょっと幸せにするヒントが見つかるかもしれない。私たちはそんなロボットを、アニメや漫画などのフィクションでの「思考実験」においてだけでなく、日常社会の中で私たちと実際に相互作用する存在として求められるようになりつつあるのだ。

「役に立たないロボット」は、「便利な道具」のような分かりやすい価値を提供するのではなく、私たち人間自身が変わっていくきっかけを与えてくれる存在だ。接する側の人間が「何かを吸収しよう」と少し違った視点でロボットを見ることによって、「役に立たないロボット」は大きな役割を果たすロボットになるはずだ。

おわりに

本書のテーマである「役に立たないロボット」は「役に立たない」と「ロボット」の二つの要素に分けることができます。この二つがそれぞれどんな価値につながっているのか。取材を進めていくほどに、筆者の中で「ロボット」よりも「役に立たない」ことへの興味が膨らんでいきました。結果として、当初に考えていたよりも深くまで掘り下げることができたように感じています。

なぜ、「役に立たない」への興味が膨らんだのか。「ロボット」であることの利点が、「必要なものだけを残して自由にデザインできること」「人間のための存在として量産できること」と明快だったこともあるでしょう。対して「役に立たない」は、そもそもの基準からして実に曖昧で、さまざまな点から考察し、解釈することができるのです。また、筆者が、スピードや効率、生産性などを求め続ける日常に少し疲れるような感覚を覚えていたことや、子どもが生まれて以降、想定できない出来事の連続に翻弄されるようになったこともあるように思います。

そして、「役に立たない」を考えることは、筆者が自分の短所や欠点、ミスしたことなどをロボットたちに投影しながら見つめ直すようでもありました。あわよくば、それらを少しポジティブに捉え直したかったのかもしれません。

ただ、「役に立たない」は掘り下げていくほど、無条件に正当化されるべきものでないことが明確になります。「役に立たない」をポジティブに作用させているロボットにはさまざまな工夫がなされているし、「期待値」にしても自分で自由に設定できるものではなく、人間であることに相応する範囲があるでしょう。また、「役に立たない」ことの価値は「接する側」の捉え方、受け取り方によって変わってくるものでもあります。

それを踏まえると、自分の弱みや欠点にポジティブな意味を見出そうとするよりも、自分の周りにある「役に立たない」要素を自分自身がどう捉えるのかのほうが、大切なのでしょう。筆者は最近、そんなことを頭の片隅に置きながら、ごはんを床にぶちまける子どもを「喜劇」と捉えようとしてみたり、ときには思い切って他者に弱みを開示してみたり、「失敗も含めて楽しもう」と新しいことに挑戦する勇気を振り絞ったりしています。

本書の取材と執筆は、「役に立たないロボット」に倣うつもりで、筆者がロボットの専門家や工学者ではないことを隠さず、いろいろな方に積極的に頼り、助けていただきながら進めてきました。まず何よりも、取材に快く応じてくださった岡田美智男さん、林要さん、石川大樹さん、大井文彦さん、乗松伸幸さん、神原生洋さん、大澤博隆さんに心より御礼を申し上げます。また、かつての同僚をはじめとする知人たちにもたくさんのヒントをいただきました。このような機会をくださった集英社インターナショナルと編集担当の小峰和徳さんにも心より感謝いたします。

そして読者のみなさん、本書を手にとっていただき、また、最後までお付き合いいただき、ありがとうございました。本書は、有用な情報を整理してまとめるわけではなく、やや哲学的な考察過程をそのまま記したものです。労働に従事しない「役に立たない」ロボットと似ているようでもあり、科学技術の専門的な情報を求めていた方には「期待値ギャップ」を感じさせてしまったかもしれません。でもそんな本だからこそ、自由な解釈を加える余白があるとも思いますし、何かの気付きや発見、価値変容のきっかけになっていたらとても嬉しいです。

身の回りにある「役に立たない」「期待はずれ」「不十分」「想定外」「ポンコツ」なことを、ぜひちょっと楽しんでみてください。

図版作成　株式会社プロマック

谷 明洋（たに あきひろ）

科学コミュニケーター。一九八〇年、静岡県生まれ。二〇〇七年、京都大学大学院修了（農学修士）。静岡新聞記者、日本科学未来館勤務などを経て、睡眠ウェルネスアドバイザーや、地域を旅する「さとのば大学」専任講師など、多岐にわたって活躍中。

役に立たないロボット
日本が生み出すスゴい発想

二〇二五年二月一二日 第一刷発行

インターナショナル新書一五三

著 者 谷 明洋
発行者 岩瀬 朗
発行所 株式会社 集英社インターナショナル
〒一〇一－〇〇六四 東京都千代田区神田猿楽町一－五－一八
電話 〇三－五二一一－二六三〇
発売所 株式会社 集英社
〒一〇一－八〇五〇 東京都千代田区一ツ橋二－五－一〇
電話 〇三－三二三〇－六〇八〇（読者係）
〇三－三二三〇－六三九三（販売部）書店専用
装 幀 アルビレオ
印刷所 大日本印刷株式会社
製本所 加藤製本株式会社

 ISBN978-4-7976-8153-6 C0211

インターナショナル新書

133
昆虫カメラマン、秘境食を味わう
人は何を食べてきたか
山口 進

「ジャポニカ学習帳」を彩る昆虫や植物の写真で知られるカメラマン・山口進。撮影の先々での多様なエピソードが、その土地特有の思いがけない食文化に結びついていく。季刊誌「ｋｏｔｏｂａ」の連載を新書化。

147
光速・時空・生命
秒速30万キロから見た世界
橋元淳一郎

この世界に光速を超える速度はない。超光速粒子タキオンやウラシマ効果などのSF感覚も導入し、時間と空間、実世界と虚世界、宇宙、哲学、生命、人類の未来にまで及ぶ、光速をめぐる壮大な思考実験を展開。

152
クイズ作家のすごい思考法
近藤仁美

人を「へえ！」と唸らせたい。クイズ作家の仕事は、情報収集力だけでなく、発想力、コミュニケーション力が大事。随所に散りばめられたクイズを楽しみながら、ビジネスや生活に使えるすごい思考法が身につく。

154
災害とデマ
堀 潤

被災者とダイレクトにつながり、大手メディアが報じない被災地のリアルを発信し続けるジャーナリストが、ＳＮＳにはびこるデマの実態と、それにあらがう術を探る。10年以上にわたる災害取材の集大成。